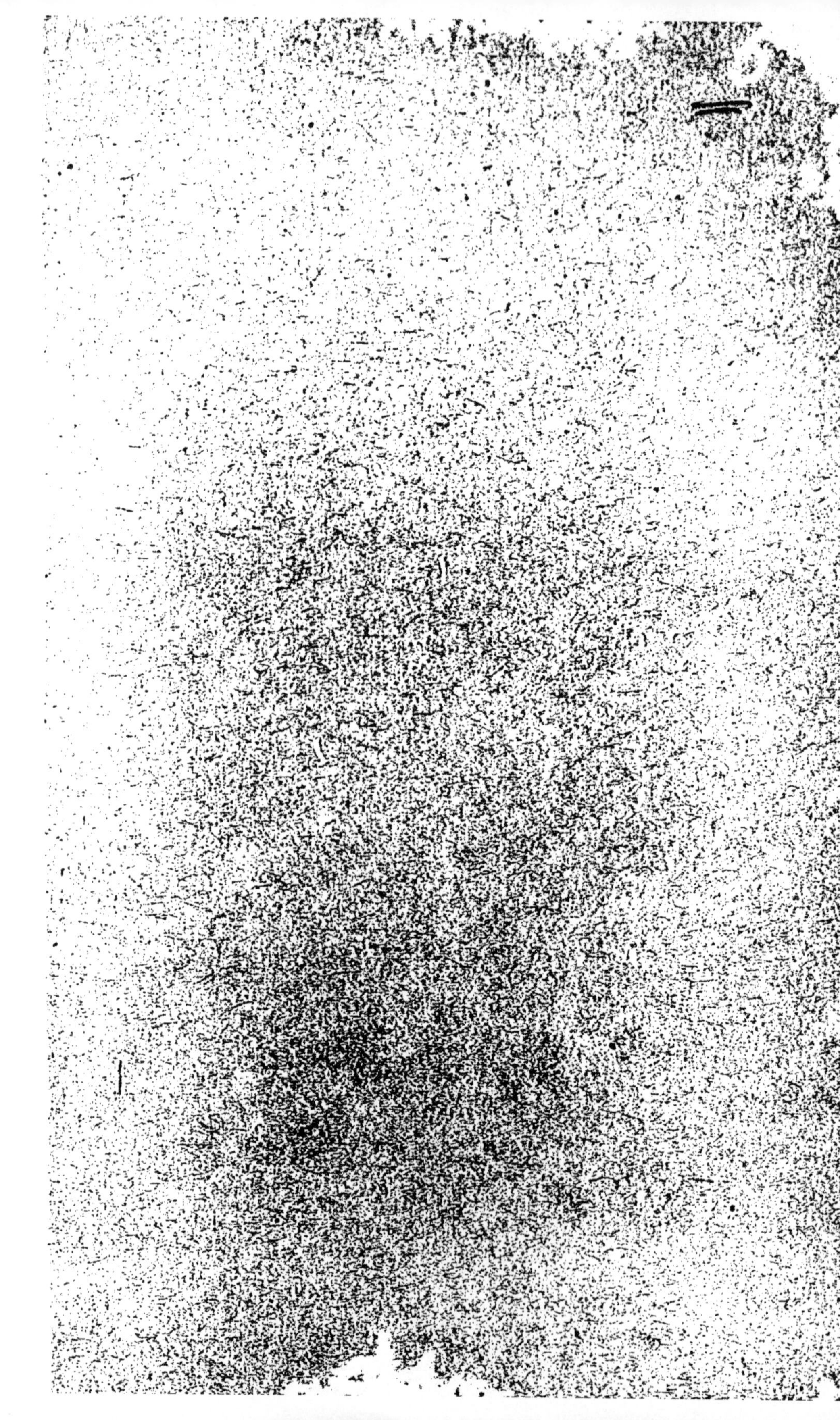

LA
BOBINE D'INDUCTION.

BIBLIOTHÈQUE GÉNÉRALE DES SCIENCES.

LA
BOBINE D'INDUCTION

PAR

H. ARMAGNAT,

Chef du bureau des mesures électriques
des ateliers Carpentier.

PARIS,

GAUTHIER-VILLARS, IMPRIMEUR-LIBRAIRE

DU BUREAU DES LONGITUDES, DE L'ÉCOLE POLYTECHNIQUE,

Quai des Grands-Augustins, 55.

1905

NOTATIONS EMPLOYÉES DANS CET OUVRAGE.

C, c	capacités.		U, u	différences de potentiel.
E	force électromotrice constante.		W	énergie.
e	base des logarithmes népériens.		$\mathcal{B}$	induction magnétique.
I, i	intensités.		$\mathcal{H}$	champ magnétique.
L, l	coefficients de self-induction.		$\mathcal{I}$	intensité d'aimantation.
M	coefficient d'induction mutuelle.		Δ	facteur démagnétisant.
P	puissance.		ε	force électromotrice d'induction au secondaire.
Q, q	quantités d'électricité.		θ	durée de la période du circuit secondaire.
R, r	résistances.		μ	perméabilité.
T	durée de la période du circuit primaire.		ρ	rendement.
t	temps.		σ	force électromotrice d'induction au primaire.
			Φ	flux de force magnétique.

A moins d'indication spéciale, les grandes lettres se rapportent au circuit primaire et les petites au circuit secondaire.

L'indice 1 placé à côté de ε ou σ caractérise les forces électromotrices développées à la fermeture du circuit; l'indice 2 se rapporte à la rupture du circuit.

LA

BOBINE D'INDUCTION.

CHAPITRE I.

INTRODUCTION.

§ 1. Définitions. — Pour donner le plus de clarté possible à cette étude il est nécessaire de bien définir, dès le début, les termes spéciaux dont nous aurons à nous servir, et de rappeler sommairement ce qu'est la bobine d'induction.

La bobine d'induction renferme deux circuits isolés l'un de l'autre : le *primaire* 1 (*fig.* 1) et le *secondaire* 2, qui est

Fig. 1.

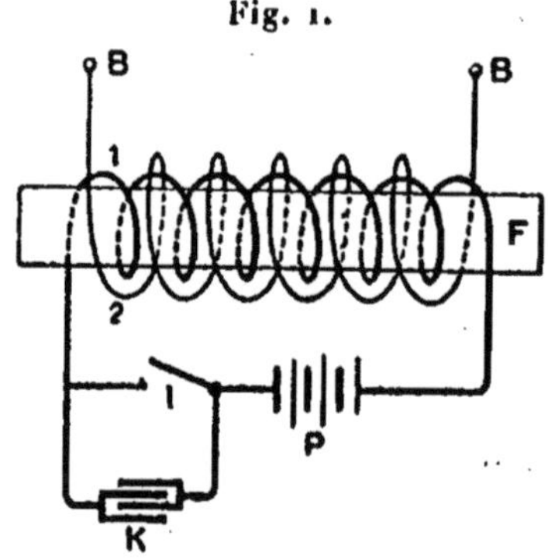

soumis à l'induction du premier. Tant que le *courant pri-maire* est constant, il n'y a pas de *courant secondaire*, mais

A.

à chaque variation du premier correspond une force électromotrice induite dans le second.

Afin d'augmenter l'action inductive des circuits, le primaire
est enroulé sur un *noyau* magnétique F, formé de fils de fer
réunis en faisceau, ou de lames de tôle. Par extension, le
nom de *faisceau* est quelquefois donné à l'ensemble formé
par le noyau de fer et la *bobine primaire* qui le recouvre
immédiatement.

On donne le nom de *circuit magnétique* au chemin parcouru par les *lignes de force* dues à l'aimantation du noyau F.
Les lignes de force sont toujours des courbes fermées (*fig.* 2

Fig. 2.

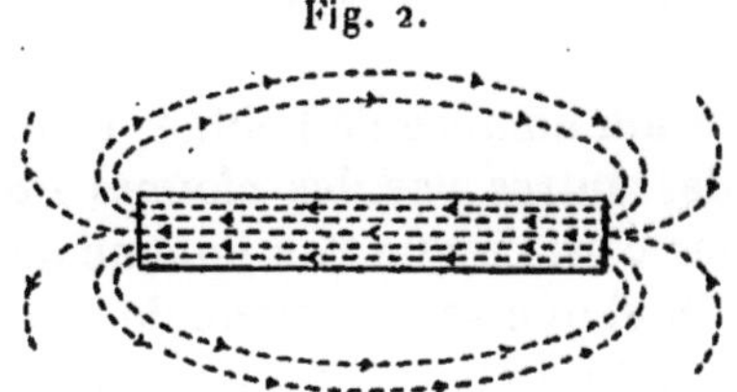

et 3), quelle que soit la forme du noyau de fer; cependant
on appelle *circuit magnétique ouvert* celui dans lequel le

Fig. 3.

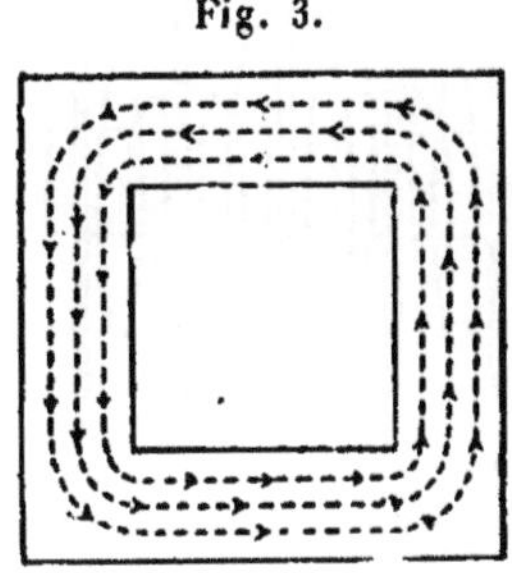

plus grand trajet des lignes de force s'effectue dans l'air,
comme c'est le cas avec les noyaux droits (*fig.* 2). Au
contraire, on appelle *circuits magnétiques fermés* ceux dans
lesquels les lignes de force ne sortent pas du fer (*fig.* 3).

Le circuit secondaire se compose d'une bobine placée

généralement autour de la bobine primaire et bien isolée de celle-ci. L'enroulement de la bobine secondaire se fait de deux façons différentes : par *couches*, c'est-à-dire en enroulant le fil par spires contiguës sur un mandrin cylindrique (*fig.* 4), ou par *galettes*. Dans le deuxième cas, le secondaire

Fig. 4.

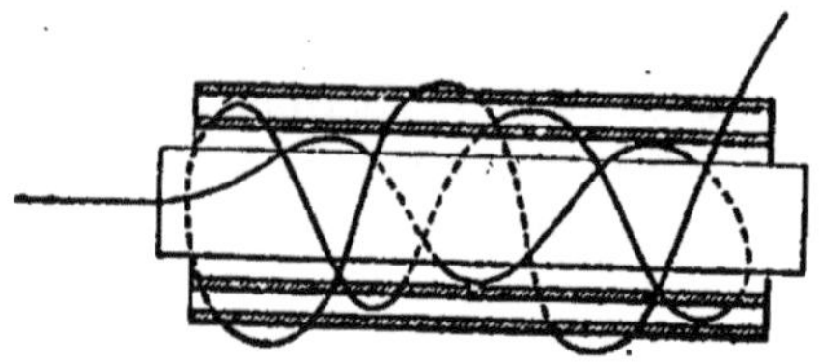

est composé d'un certain nombre de bobines élémentaires, séparées les unes des autres par des *cloisons isolantes* et connectées ensemble ; c'est ce que l'on nomme des *bobines cloisonnées* (*fig.*5). Quel que soit le mode de construction, les extrémités du fil sont reliées aux bornes secondaires BB

Fig. 5.

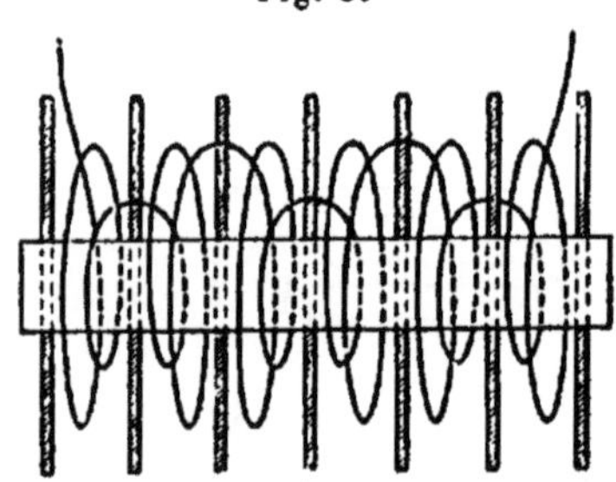

(*fig.* 1). La bobine secondaire tout entière est quelquefois appelée le *corps* de la bobine.

Afin de produire les variations du courant primaire nécessaires pour développer des courants induits dans le secondaire, on relie le primaire à la source de courant P par l'intermédiaire d'un *interrupteur* I, destiné à ouvrir et fermer le circuit périodiquement. Cet interrupteur avait porté au début le nom, aujourd'hui oublié, de *rhéotome;* on l'a longtemps appelé *trembleur, batterie,* et enfin aujourd'hui on a une tendance à abréger le nom et à dire simplement le *rupteur.* Les interrupteurs ou rupteurs sont *mécaniques* ou *électrolytiques,* selon les phénomènes mis en jeu pour produire les interruptions.

Au moment où la rupture du circuit primaire se produit on observe une étincelle au point de rupture, pendant qu'une autre, beaucoup plus longue, jaillit entre les bornes du secondaire. La première est due à l'*extra-courant de rupture;* elle dépend de la *self-induction* du circuit primaire. La seconde est produite par l'*induction mutuelle* qui s'exerce entre le primaire et le secondaire. Pour distinguer, nous appellerons toujours l'étincelle d'extra-courant *étincelle primaire,* ou *étincelle de rupture,* et l'autre, *étincelle secondaire,* ou simplement *étincelle.*

Pour réduire l'étincelle primaire et augmenter l'étincelle secondaire, on intercale, en dérivation sur l'interrupteur I (*fig.* 1), *un condensateur* K; celui-ci est formé de feuilles d'étain ou *armatures,* séparées par des feuilles d'un corps isolant ou *diélectrique :* papier, mica, verre mince, etc.

La force électromotrice de la source de courant engendre le courant primaire, et la rupture de celui-ci, par l'interrupteur, développe, dans les deux circuits à la fois, des *forces électromotrices d'induction,* qui sont infiniment plus élevées que celles de la source de courant; elles déterminent, aux bornes du secondaire BB et au point de rupture, des *différences de potentiel* suffisamment grandes pour produire les étincelles. La force électromotrice développée dans le primaire s'appelle *force électromotrice de self-induction;* l'autre, *force électromotrice secondaire.* Le rapport entre ces deux forces électromotrices est, à peu près, égal au rapport des nombres de tours du fil dans les deux circuits, rapport que l'on nomme *coefficient de transformation.*

Pour que les étincelles puissent éclater entre deux points, il faut qu'il existe entre ces deux points une différence de potentiel plus ou moins grande, selon la forme des élec-

trodes, leur distance et la nature du milieu qui les sépare;
on appelle *potentiel explosif* cette différence de potentiel,
et *distance explosive*, la distance correspondante. L'étincelle ne peut se produire qu'en brisant en quelque sorte le
diélectrique interposé entre les électrodes; le potentiel
explosif doit donc être d'autant plus grand que ce corps
présente une plus grande *rigidité électrostatique*. A moins
d'indication spéciale, quand nous parlerons de potentiel ou
de distance explosive, il faudra toujours entendre que le
diélectrique est l'air à la pression atmosphérique.

Quand l'interrupteur vient à fermer le circuit, le courant,
dans le primaire, ne prend pas immédiatement sa valeur,
il augmente plus ou moins rapidement, selon la self-
induction et la résistance du circuit primaire (*fig.* 6). Cette

Fig. 6.

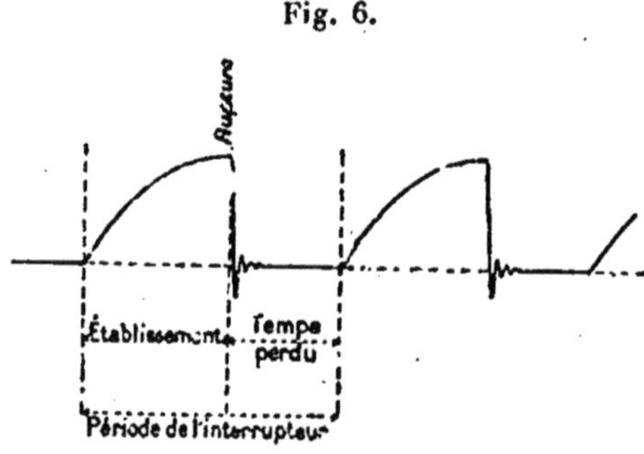

phase du phénomène est l'*établissement du courant*. La
forme du courant, pendant cette phase, dépend du rapport
entre la self-induction L du circuit primaire et sa résistance R; on a donné au rapport $\frac{L}{R}$ le nom de *constante du
temps*. L'interrupteur produisant ensuite la rupture du courant, le circuit reste ouvert pendant un certain temps, que
nous appellerons le *temps perdu*, bien que les phénomènes
utiles se produisent généralement pendant le début de cette
phase. L'ensemble de l'établissement et du temps perdu
est la *période de l'interrupteur*; l'inverse de cette période

est la *fréquence de l'interrupteur*. Dans le fonctionnement continu, la fréquence de l'interrupteur est égale au nombre de ruptures par seconde.

Au moment de la rupture, des *oscillations électriques* prennent naissance dans les deux circuits ; ces oscillations pouvant avoir des périodes différentes, nous les appellerons *oscillations primaires* ou *secondaires,* selon leur origine ; leur *fréquence* sera définie, comme toujours, par l'*inverse de leur durée* et non pas par leur nombre dans l'unité de temps. Enfin, la *décharge* de la bobine peut se manifester sous des formes variées. L'étincelle peut être silencieuse, jaune clair et entourée d'une auréole ; dans ce cas elle a à peu près la même durée et la même fréquence que le courant secondaire. Elle peut aussi être blanche, crépitante ; alors il y a, pour chaque oscillation secondaire, un grand nombre d'étincelles de durée très courte ; ce sont ce que l'on appelle des étincelles de *haute fréquence.* Ce que l'on appelle souvent la *fréquence des étincelles* n'est autre chose que la fréquence de l'interrupteur, parce que l'œil ne peut percevoir qu'une seule étincelle à chaque rupture.

L'intensité du courant, dans le primaire, peut être définie en indiquant l'intensité maximum atteinte au moment de la rupture : c'est la valeur la plus importante ; nous l'appellerons l'*intensité initiale.* Un ampèremètre à courant continu, intercalé dans le circuit primaire, donne l'*intensité moyenne;* cette valeur définit seulement la dépense de courant ; elle ne renseigne pas sur la grandeur de l'effet produit, puisqu'elle varie avec la forme de la courbe d'établissement et avec la longueur relative du temps perdu. Enfin, on se sert quelquefois d'ampèremètres à courants alternatifs pour mesurer l'intensité dans le circuit primaire ; ces instruments donnent l'*intensité efficace,* c'est-à-dire la racine carrée du carré moyen de l'intensité, quantité qui n'a aucun intérêt dans la circonstance.

A chaque fermeture de l'interrupteur, le primaire emmagasine une certaine *quantité d'énergie* qui se retrouve en partie dans la décharge au secondaire. L'emmagasinement de cette énergie demande un temps plus ou moins long, selon la *puissance* de la source de courant ; mais, à la décharge, cette quantité d'énergie peut être libérée en un temps très court, produisant une *puissance instantanée* très courte, mais très considérable ; c'est ce qui explique que l'on peut, avec une très faible quantité d'énergie, produire des effets mécaniques très puissants, comme de percer des blocs de verre, par exemple. Si nous considérons l'ensemble des décharges qui se produisent dans une seconde, nous avons la *puissance moyenne*, qui est beaucoup plus petite que la puissance instantanée. Enfin, la transformation de l'énergie ne se fait pas sans pertes ; les courants qui parcourent les circuits les échauffent ; il se produit une dépense d'énergie qui suit la loi de Joule : c'est l'*effet Joule*. Le fer du noyau, successivement aimanté et désaimanté, s'échauffe par suite de son *hystérésis*. Toutes ces causes font que l'énergie récupérée n'est qu'une fraction de l'énergie empruntée à la source ; le *rendement* est le rapport entre ces deux quantités d'énergie, ou, si l'on veut, le rapport entre la *puissance moyenne utile* et la *puissance moyenne absorbée*. Nous n'emploierons jamais le mot *rendement* dans un autre sens.

CHAPITRE II.

HISTOIRE.

§ 2. Résumé historique. — La question de priorité pour la découverte et la construction de la bobine d'induction est bien difficile à trancher aujourd'hui. Les journaux de l'époque donnent des indications très vagues, dans lesquelles les mêmes expressions sont employées dans des sens très différents, de sorte que nous sommes obligés de nous appuyer sur des documents postérieurs. Les témoins oculaires eux-mêmes varient dans leurs récits. Du Moncel, par exemple, après avoir, dans sa *Notice sur l'appareil d'induction de M. Ruhmkorff*, attribué à Ruhmkorff tout le mérite de la réalisation pratique, revient sur cette opinion dans ses *Applications de l'électricité*, 1873. La cause de ce revirement est une brochure de M. Page, *History of induction* (**B.** n° 16) (¹) publiée en Amérique en 1867, brochure introuvable aujourd'hui dans les bibliothèques françaises. Cette publication, qui paraît avoir été une protestation contre le prix Volta décerné à Ruhmkorff, est surtout un long panégyrique de Page par lui-même. Il reste malheureusement peu de documents permettant de contrôler les affirmations de Page, au moins en ce qui concerne les bobines à étincelles, car, pour les bobines destinées aux applications médicales, on retrouve, dans des journaux de 1837, des descriptions avec figures qui ne

---

(¹) L'indication **B.** suivie d'un numéro est un renvoi à la bibliographie placée à la fin de cet ouvrage.

laissent aucun doute sur leur existence à cette époque.

La plus grande difficulté pour la comparaison des différents Mémoires vient de la confusion continuelle entre l'étincelle de rupture, produite entre les points où cette rupture a eu lieu, et l'étincelle secondaire. La première exige une différence de potentiel très faible pour éclater entre deux points qui sont d'abord infiniment voisins et qui s'écartent ensuite; elle est d'ailleurs facilitée par les particules de métal qui, dans beaucoup des premières expériences, étaient arrachées aux points de rupture. Au contraire, l'étincelle secondaire ayant à franchir un intervalle de longueur constante, exige une différence de potentiel beaucoup plus grande. Ce que l'on a longtemps appelé *bobine de Ruhmkorff*, c'est un appareil permettant d'obtenir des étincelles secondaires. Aujourd'hui, le nom plus général de *bobine d'induction* est plus souvent employé dans ce sens.

L'induction avait été découverte en 1831, par Faraday. L'année suivante, le professeur Henry, de Princetown (B. n° 1), observa qu'une étincelle se produisait à la rupture d'un circuit, étincelle d'autant plus forte que le fil du circuit était plus long. Le fait passa inaperçu, puisqu'en 1833 (B. n° 2) Dal Negro le cita à nouveau. L'étincelle de rupture était due à l'*extra-courant* de rupture, comme le trouvèrent simultanément Jenkins et Masson (B. n° 4).

L'année suivante, 1835 (B. n° 3), Henry fait une nouvelle communication et il montre que l'effet de la rupture augmente *quand le fil est enroulé* et *quand on place du fer* dans le centre des spirales (Henry faisait ses essais avec des spirales plates). Il note le *choc* produit par l'extra-courant et il se sert de l'étincelle de rupture pour faire exploser le gaz tonnant. Il explique tous ces effets par l'*induction* des spires les unes sur les autres.

Dans son Mémoire de 1837 (B. n° 4), Masson signale les mêmes faits qu'Henry. Il se sert de bobines, au lieu de spirales, et il constate l'influence du fer dans les bobines. Il signale l'emploi de la roue dentée pour obtenir une succession de chocs.

C'est en 1837 (**B.** n° 5) que l'on voit apparaître pour la première fois, en Europe, le nom de Page. L'article reproduit dans les *Annales de Sturgeon* est une lettre datée de Salem, Massachusetts, 12 mai 1836, qui a dû être publiée à cette date dans le *Sillimann's Journal.* Dans ce Mémoire, à côté de la reproduction des expériences de Henry, il faut noter deux points importants : Page remarque que le choc dû à l'extra-courant augmente quand la rupture du circuit est produite dans une *couche de naphte* recouvrant le mercure; il observe aussi des *chocs secondaires* en touchant des spires non parcourues par le courant inducteur lui-même. Page produit des interruptions périodiques en faisant effleurer du mercure par les pointes d'une étoile en cuivre rouge. Sturgeon ajoute, dans une note explicative, que le courant secondaire s'obtient en plaçant deux bobines côte à côte, leurs fils ayant toujours un point commun ?

Dans le même Volume des *Annales de Sturgeon* se trouvent plusieurs Mémoires intéressants, l'un de Callan (**B.** n° 6), p. 295, relatif à la construction des électros, dans lequel il est question du rôle du fer pour augmenter l'effet des ruptures. Une autre Note (**B.** n° 7), p. 477, rappelle les expériences de Henry et renferme la description d'une bobine destinée aux applications médicales. Cette bobine, *construite sur les indications de Sturgeon,* avait deux circuits : le primaire renfermant 79^m de gros fil et le secondaire 395^m de fil plus fin; l'axe était creux pour mettre un faisceau de fils de fer. La figure 125, du même Volume, représente pour la première fois, à notre connaissance, une bobine dont la forme rappelle le modèle classique : c'est une bobine cylindrique horizontale, au-dessus de laquelle est placé un balancier, mû par une bielle ou une came, dont l'extrémité libre porte une tige qui plonge dans un godet à mercure. La figure 127, du même, montre une bobine analogue, ayant comme interrupteur une roue dentée sur laquelle frotte un ressort; ce modèle était indiqué par Bachhoffner. Dans ces deux figures, le secondaire est terminé par des poignées; ces bobines ne paraissent pas destinées à fournir des étincelles.

En 1840 paraît un nouveau Mémoire de Henry (**B. n° 8**), où il rappelle ses essais antérieurs. Il étudie la décharge d'une bouteille de Leyde dans le primaire et il observe les commotions ressenties dans le secondaire.

Dans tous les Mémoires précédents il n'est jamais question d'étincelles secondaires et l'on parle à peine de l'effet lumineux obtenu à la rupture. C'est dans le mémoire de Masson et Bréguet fils, en 1841 (**B. n° 9**), que l'on trouve, pour la première fois, l'indication d'étincelles éclatant spontanément à distance. L'interrupteur employé par ces physiciens était composé de cinq roues dentées en laiton; les vides entre les dents étaient remplis avec des blocs de bois (roue de Masson); l'une des roues produisait la rupture, les autres recueillaient les courants induits. La bobine, qui avait $0^m,23$ de longueur et $0^m,22$ de diamètre, renfermait deux fils égaux de 650^m chacun; elle permettait de charger un électroscope condensateur et d'obtenir des étincelles de 2^{mm} à 20^{mm} dans l'œuf électrique. Masson et Bréguet constatent que, *quand l'étincelle éclate au secondaire,* la décharge fait dévier un galvanomètre ordinaire intercalé dans le circuit.

Nous arrivons maintenant à la période de réalisation pratique et nous sommes obligés, afin de respecter tous les droits, de donner deux versions: celle de Page (**B. n° 16**), et celle de Ruhmkorff (**B. n° 19**).

Nous ne connaissons en France les travaux de Page que d'après Du Moncel, qui a eu connaissance de la brochure *History of induction;* notre exposé devra donc suivre celui de cet auteur. Dès 1838, Page aurait construit une bobine ayant un noyau de fer replié en fer à cheval et un interrupteur à mercure mû par un marteau attiré par le noyau de fer lui-même; le mercure était recouvert d'alcool. Le courant secondaire de cette bobine était assez énergique pour charger une bouteille de Leyde. L'étincelle secondaire aurait atteint $1^{mm},57$ ($\frac{1}{16}$ de pouce). De 1842 à 1850, Page

affirme que des bobines donnant de longues étincelles?
furent construites en Amérique; quelques-unes, construites
avant 1846, avaient des fils fins de plusieurs *miles* (1 609ᵐ)
de longueur, et donnaient de 2ᵐᵐ,5 à 12ᵐᵐ,5 d'étincelles.
Enfin, en 1850, Page construisit une grande bobine donnant
0ᵐ,20 d'étincelles? par rupture brusque de primaire. Ce
résultat semble bien extraordinaire étant donné que l'emploi du condensateur n'était pas encore connu.

La brochure de Page donne encore cette indication que
l'interrupteur connu sous le nom de *Neef* serait dû au
professeur Mac Gauley, de Dublin (1837), et qu'il aurait été
perfectionné par Wagner, ami de Neef.

Quand Ruhmkorff a-t-il commencé à s'occuper de la
bobine et quand a-t-il construit la première? Une biogra-
phie de Ruhmkorff (B. nᵒ 85), publiée en 1903, dit qu'il
commença à s'en occuper dès 1843, et qu'une bobine com-
mencée en 1848 n'était pas encore finie en 1851. Dumas,
dans son rapport pour le prix Volta (B. nᵒ 15), 1864, dit :
« Dès 1851, M. Ruhmkorff se vouait à la construction et au
perfectionnement de cet appareil. » Enfin, Ruhmkorff lui-
même (B. nᵒ 19), dit : « En 1850, j'ai construit un appareil
d'induction. »

De 1850 à 1860 c'est la période des grands perfectionnements. En 1853 (B. nᵒ 10), Fizeau réalise un progrès
capital : l'adjonction du condensateur entre les points d'interruption, et, chose remarquable pour l'époque, son Mémoire est d'une grande clarté; c'est un perfectionnement
basé sur une idée exacte du problème à résoudre. Auparavant, Sinsteden ayant chargé des bouteilles de Leyde avec
le courant *secondaire,* quelques auteurs lui ont attribué la
découverte du condensateur; c'est une confusion qu'il ne
afut pas faire. Le perfectionnement de Fizeau amène l'étincelle dans l'air libre à 0ᵐ,02 (B. nᵒ 17), p. 7.

Dès que la tension au secondaire augmente, il faut améliorer l'isolement et en 1852, dit Du Moncel (B. nᵒ 20), p. 241,
Ed. et Ch. Bright divisent la bobine en sections courtes
séparées par des cloisons. Ce progrès est plus généralement

attribué à Poggendorff, qui l'a très nettement mentionné en
1854 (**B. n° 11**). Nous devons ajouter que les Anglais attri-
buent le cloisonnement à Siemens et Halske, de Berlin, qui
auraient montré, à l'Exposition de Londres, en 1851, une
bobine construite suivant ce système (**B. n° 29**), p. 99, et
(**B. n° 30**), p. 41.

Le cloisonnement est poussé à l'excès dans le système
de Ritchie, de Boston, 1857 (**B. n° 20**), p. 242, où chaque
bobine élémentaire est une spirale plate ayant comme
épaisseur le diamètre du fil lui-même; il faut un très grand
nombre de ces sections, séparées par un nombre égal de
cloisons, pour former la bobine tout entière.

Une autre solution de l'isolement des spires secondaires
est donnée, en 1858, par un amateur, M. Jean (**B. n° 14**),
qui parvient à construire une bobine donnant $0^m,20$ d'étincelles, en séparant simplement les couches de fil entre elles
au moyen de feuilles de papier buvard. La bobine enroulée
était desséchée à l'étuve, placée dans un vase en verre, et
celui-ci rempli de térébenthine, après que le vide avait été
fait pour chasser les dernières traces d'humidité. D'après
Du Moncel, la bobine de Jean paraît avoir beaucoup étonné
tous ceux qui la virent; il y a lieu de faire remarquer à ce
sujet l'indécision qui règne dans les publications de l'époque
sur la longueur des étincelles obtenues.

Foucault, en 1856 (**B. n° 12**), se préoccupe de grouper
plusieurs bobines ensemble afin d'augmenter les étincelles
qui, dit-il, *ne dépassent guère* 8^{mm} à 10^{mm} *à cette époque.*
En réunissant quatre bobines, les primaires en série et les
secondaires également, il atteint $0^m,03$ à $0^m,04$ d'étincelles,
puis il indique, trois mois plus tard, $0^m,07$ à $0^m,08$. L'année
suivante, 1857 (**B. n° 13**), en décrivant un interrupteur
double à mercure, Foucault dit que les bobines donnent
jusqu'à $0^m,20$ d'étincelles! La notice allemande déjà citée
(**B. n° 85**), dit que Ruhmkorff exposait en 1855, à Paris, une
bobine donnant $0^m,40$ d'étincelles! D'autre part, ce ne serait
qu'en 1859 que l'on aurait vu en Europe une bobine améri-
caine (**B. n° 17, p. 33**); celle-ci, construite par Ritchie,

aurait donné $0^m,35$ d'étincelles. Toutes ces contradictions rendent bien difficile l'appréciation du rôle de chacun des premiers constructeurs.

Poggendorff dit, dans un Mémoire de 1855 (**B.** n° 11), qu'en faisant fonctionner l'interrupteur dans l'air raréfié, on peut supprimer le condensateur, les interruptions é'ent plus brusques, mais les surfaces de contact s'altèrent très vite.

En 1856-1857, Foucault construit son interrupteur à mercure (**B.** n° 13).

De 1860 à 1896, la bobine d'induction reste un instrument de laboratoire sans grand intérêt pratique ; cependant, nous voyons poindre une des grandes applications actuelles : en 1860, Lenoir utilise l'étincelle de la bobine d'induction pour l'inflammation de son moteur à gaz. Cette période est plutôt signalée par l'établissement de quelques grandes bobines qui marquent les étapes de la construction. En 1872, Ritchie construit pour le professeur Morton (**B.** n° 18) une bobine donnant jusqu'à $0^m,63$ d'étincelles. Cette bobine pesait 112^{ks}, et le secondaire renfermait 71^{km} de fil de $0^{mm},18$, soit environ 145000 tours.

Fig. 7.

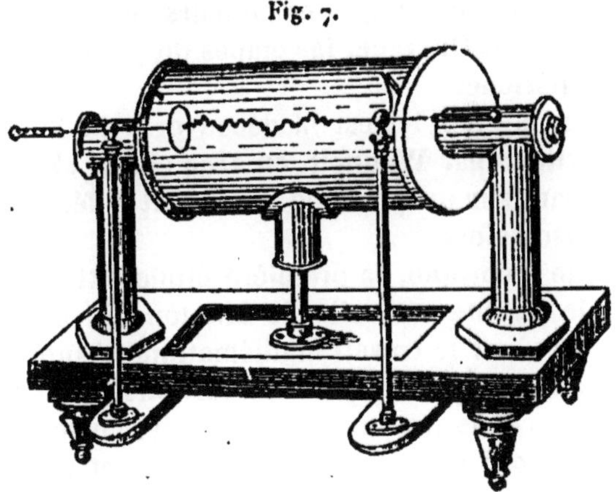

En 1886, le constructeur anglais Apps (**B.** n°s 22 et 23), établit la bobine connue sous le nom de son propriétaire.

Spottiswoode. Cette bobine (*fig.* 7), qui a donné jusqu'à $1^m,05$ d'étincelles, renferme 450^{km} de fil, formant un total de 341850 tours. Le fil employé a $0^{mm},38$ de diamètre dans les sections extrêmes et $0^{mm},24$ dans celles du milieu. Deux primaires ont été construits : celui qui donne $1^m,05$ d'étincelles pèse $41^{kg},7$; il renferme 1344 tours de fil.

Depuis cette époque, on a construit rarement des bobines donnant de si longues étincelles; cependant l'exposition de 1900 en montrait plusieurs. Le constructeur qui paraît avoir le mieux réussi dans cette voie est Klingelfuss, de Bâle, dont les grandes bobines résistent bien à l'usage. Ces grands instruments restent encore des objets de curiosité sans grand intérêt pratique; dans l'usage courant, on dépasse rarement $0^m,60$ d'étincelles.

La découverte de Röntgen, en 1896, a donné un essor inattendu à la bobine d'induction et a provoqué des modifications de détail fort importantes pour transformer l'ancien appareil de physique en un instrument presque industriel. La télégraphie sans fil est venue ensuite étendre le champ des applications, et, enfin, le développement de l'automobilisme a amené la construction d'un nombre considérable de petites bobines pour l'allumage des moteurs. Nous signalerons, au cours de cet Ouvrage, les étapes du progrès pendant la dernière période.

Le dernier point à citer ici est la découverte de l'interrupteur électrolytique par Wehnelt, en 1899 (B. nº 44), cet instrument reposant sur un principe tout à fait différent de ceux en usage jusqu'alors.

Au point de vue théorique, la première étude rationnelle entreprise sur la bobine est celle de Mouton (B. nº 21), 1876, puis ensuite vient le travail mathématique si intéressant de Colley (B. nº 25). Les travaux suivants sont trop enchevêtrés les uns dans les autres pour trouver place ici ; on en trouvera l'exposé dans la partie théorique et dans la bibliographie.

CHAPITRE III.

THÉORIE. — INTERRUPTEURS MÉCANIQUES.

§ 3. Interrupteurs mécaniques. — Toute variation dans l'intensité du courant qui parcourt un des circuits d'une bobine provoque par induction, dans le circuit lui-même et dans les circuits voisins, la création de forces électromotrices instantanées, proportionnelles à la variation d'intensité elle-même : $\dfrac{dI}{dt}$, et à des coefficients différents selon les circuits considérés.

L'induction du circuit sur lui-même s'appelle *auto-induction* ou *self-induction;* la force électromotrice σ est proportionnelle au *coefficient de self-induction* L :

$$\sigma = -L\,\frac{dI}{dt}.$$

L'induction sur un circuit voisin est l'*induction mutuelle;* elle produit une force électromotrice ε proportionnelle au *coefficient d'induction mutuelle* M :

$$\varepsilon = -M\,\frac{dI}{dt}.$$

Les forces électromotrices développées sont telles que les courants induits qu'elles produisent *s'opposent* à la variation du courant inducteur; elles obéissent à la loi de Lenz, qui n'est qu'un corollaire du principe de la conservation de l'énergie.

Les coefficients d'induction M et L ne sont constants que si les bobines ne contiennent ni fer ni métaux magnétiques. Dès qu'il y a du fer, ces coefficients varient avec l'état magnétique de celui-ci et les forces électromotrices développées sont proportionnelles à la variation du flux de force total $\frac{d\Phi}{dt}$, au lieu de l'être simplement à la variation de l'intensité. Dans les calculs qui vont suivre nous ne tiendrons pas compte du fer, à moins d'indications spéciales, et nous considérerons tous les coefficients d'induction comme constants.

Les phénomènes diffèrent selon qu'on emploie un interrupteur mécanique ou un interrupteur électrolytique, ce qui nous oblige à faire une division dans la théorie; nous nous nous occuperons d'abord des interrupteurs mécaniques.

La bobine schématique pour laquelle nous allons établir les éléments de la théorie est représentée par la figure 8. Le

Fig. 8.

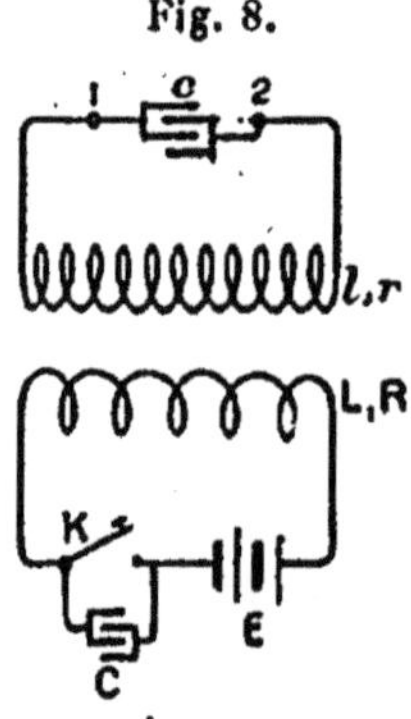

primaire, alimenté par une source d'électricité dont la force électromotrice est E, a une résistance totale R et une self-induction L; un condensateur de capacité C est placé en dérivation sur l'interrupteur K. Le circuit secondaire a une résistance r et une self-induction l; un condensateur de capacité c est placé aux bornes 1-2, il représente la capacité

A.

2

propre de l'enroulement secondaire ou un condensateur ajouté. Enfin, le calcul ne pouvant pas tenir compte, actuellement, des étincelles qui éclatent entre 1 et 2, ni de celles qui se produisent à l'interrupteur K, nous calculerons comme si les étincelles n'existaient pas.

Les équations fondamentales de la bobine schématique ci-dessus sont

$$(1) \qquad RI + L\frac{dI}{dt} + M\frac{di}{dt} + \frac{Q}{C} = E$$

pour le primaire, et

$$(2) \qquad ri + l\frac{di}{dt} + M\frac{dI}{dt} + \frac{q}{c} = 0$$

pour le secondaire. L'intégration complète de ces équations n'a jamais été faite, mais un certain nombre de cas ont été étudiés; nous allons en examiner les résultats.

L'expérience montre que les forces électromotrices développées à la fermeture du circuit sont toujours très différentes de celles qu'on obtient à la rupture; il faut étudier ces deux phases séparément.

§ 4. Fermeture du circuit. — Les phénomènes qui se produisent pendant cette phase sont souvent négligeables, au moins avec les interrupteurs mécaniques, aussi le calcul complet présente peu d'intérêt. Néanmoins, pour fixer les idées sur la grandeur des effets produits, nous allons prendre un cas simple : celui où l'action du secondaire $M\frac{di}{dt}$ est négligeable; l'équation (1) prend alors la forme connue

$$(3) \qquad RI + L\frac{dI}{dt} = E,$$

puisqu'à ce moment le condensateur est en court-circuit, ce qui correspond à une capacité infinie. De cette équation nous tirons la valeur de l'intensité I en fonction du temps

$$(4) \qquad I = \frac{E}{R}\left(1 - e^{-\frac{Rt}{L}}\right).$$

Les courbes I_1, I_2 et I_3 de la figure 9 représentent l'inten-

Fig. 9.

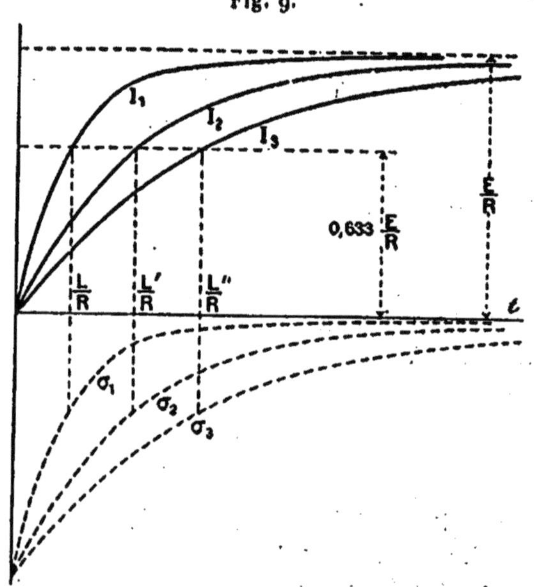

sité en fonction du temps pour différentes valeurs de la self-induction du circuit.

L'intensité I n'atteint pas immédiatement sa valeur de régime $\frac{E}{R}$, mais, en pratique, ce régime est atteint lorsque la courbe devient asymptotique à la droite dont l'ordonnée est $\frac{E}{R}$. Toutes choses égales d'ailleurs, l'établissement du régime exige un temps d'autant plus long que la *constante de temps* $\frac{L}{R}$ du circuit est plus grande. Le nom de *constante de temps* donné à ce facteur vient de ce que sa dimension, dans le système des unités C. G. S., est un *temps;* on peut aussi donner un sens physique à cette expression : c'est le temps au bout duquel le courant a atteint 0,633 de sa valeur de régime.

On peut, en négligeant toujours l'action du secondaire, calculer les forces électromotrices développées dans les deux circuits par la variation de I à l'établissement du courant. Nous avons vu que ces forces électromotrices ont pour valeur $- M \dfrac{dI}{dt}$ et $- L \dfrac{dI}{dt}$; donc on a, au secondaire,

$$(5) \qquad \varepsilon = - M I_0 \frac{R}{L} e^{-\frac{Rt}{L}},$$

et au primaire

$$(6) \qquad \sigma = - R I_0 e^{-\frac{Rt}{L}}.$$

Ces forces électromotrices sont maxima pour $t = 0$; elles sont alors égales à

$$(7) \qquad \varepsilon_1 = - \frac{M}{L} E,$$

$$(8) \qquad \sigma_1 = - R I_0 = - E;$$

elles vont ensuite en décroissant pour s'annuler tout à fait quand le régime est atteint; leur forme est indiquée par les courbes σ_1, σ_2 et σ_3 (*fig.* 9).

§ 5. **Ouverture du circuit.** — L'ouverture du circuit est la phase la plus importante pour toutes les bobines. En effet, l'expérience a, depuis longtemps, démontré, et le calcul prouve, que cette phase est beaucoup plus courte que celle de la fermeture; par suite, la variation de l'intensité I, étant plus rapide, produit des forces électromotrices beaucoup plus élevées et des étincelles peuvent éclater entre les bornes du secondaire ou entre les points de rupture.

Nous pouvons calculer seulement ce qui se passe quand la différence de potentiel u, entre les bornes 1 et 2 du secondaire, est trop faible pour que les étincelles éclatent.

Au moment où l'étincelle jaillit, le phénomène subit une variation brusque, il y a une dépense d'énergie, puis le phénomène continue, mais avec une amplitude très réduite et il est souvent compliqué par des perturbations apportées par l'étincelle elle-même.

Le premier essai important de théorie est celui du professeur russe Colley, publié en 1891 (B. n° 25). Les formules données par Colley sont trop complexes pour la pratique, nous en tirerons les conclusions intéressantes au fur et à mesure des besoins. Contentons-nous, pour l'instant, de dire que Colley envisage le cas du circuit primaire seul ; du même

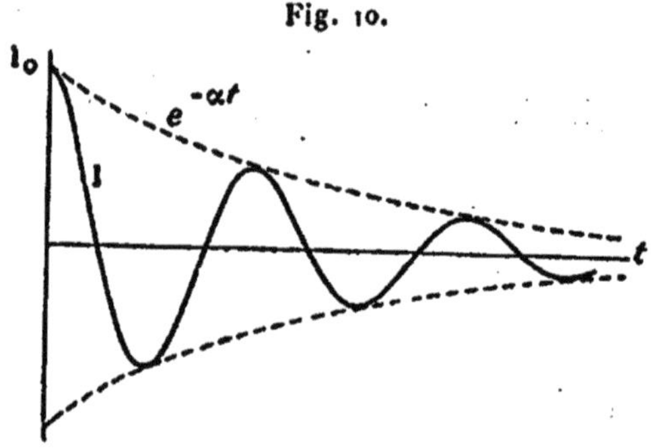

Fig. 10.

circuit avec condensateur (*fig.* 10) ; du secondaire fermé en court-circuit et enfin du secondaire fermé sur condensa-

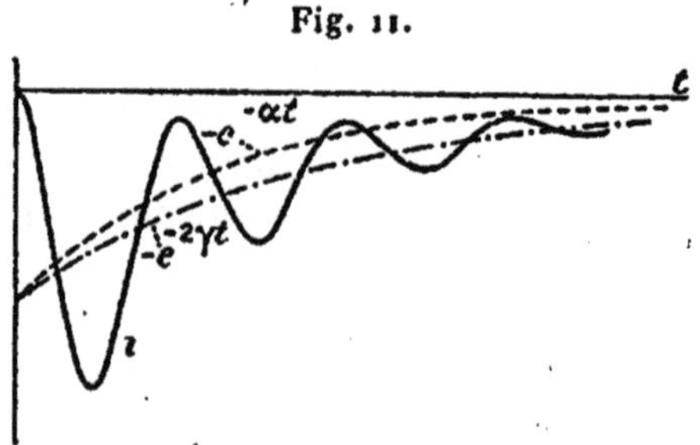

Fig. 11.

teur (*fig.* 11, 12 et 13). Traduites graphiquement ces équations donnent les courbes schématiques ci-dessus, pour

Fig. 12.

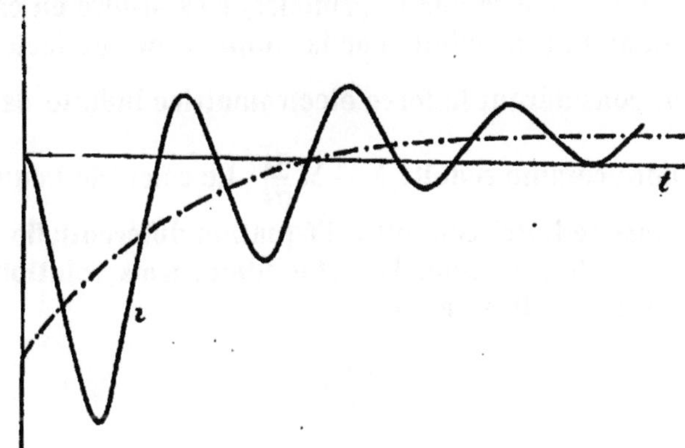

le courant primaire I et le courant secondaire i. Les équa-

Fig. 13.

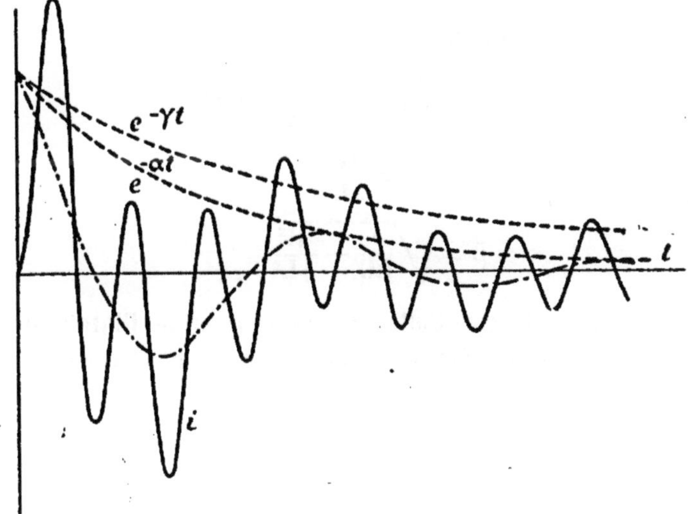

tions elles-mêmes sont données dans la bibliographie
(B. n° 25).

Trois ans plus tard, j'ai moi-même donné un essai de

théorie simplifiée (**B.** n° **28**) en négligeant totalement la réaction du secondaire sur le primaire, c'est-à-dire en calculant l'équation (1), réduite par la suppression du facteur $M \dfrac{di}{dt}$ et en considérant la force électromotrice induite dans le secondaire comme réduite à $-M \dfrac{dI}{dt}$. Le calcul de l'équation (1), ainsi réduite, conduit à l'équation différentielle de second ordre bien connue, laquelle admet trois solutions, selon la résistance R du circuit

$$R^2 \gtrless 4 \frac{L}{C}.$$

Étant données les grandeurs habituelles de R, L et C, on a généralement, en pratique,

$$R^2 < 4 \frac{L}{C},$$

et l'intensité est de la forme

$$(9) \qquad I = I_0 e^{-\alpha t} \left(\cos\beta t - \frac{\alpha}{\beta} \sin\beta t \right),$$

$$\alpha = \frac{R}{2L},$$

$$\beta = \sqrt{\frac{1}{LC} - \frac{R^2}{4L^2}};$$

c'est ce qu'avait trouvé Colley. Le courant est oscillatoire et amorti (*fig.* 10); sa période d'oscillation T a pour valeur

$$(10) \qquad T = \frac{2\pi}{\beta} = \frac{2\pi}{\sqrt{\dfrac{1}{LC} - \dfrac{R^2}{4L^2}}};$$

le coefficient d'amortissement est égal à α.

Si l'on introduit dans (9) les grandeurs réelles des coefficients *connus* R, L et C, on voit que α est assez faible et peut être négligé pour la première oscillation, de même que β se réduit, comme première approximation, à

$$\beta = \frac{1}{\sqrt{LC}}.$$

L'équation (9) devient alors celle d'un courant alternatif simple, de période

$$(11) \qquad\qquad T = 2\pi\sqrt{LC},$$

et l'intensité peut être représentée par

$$(12) \qquad\qquad I = I_0 \cos\frac{t}{\sqrt{LC}}.$$

Si, pendant la première oscillation, l'intensité a la valeur donnée par (12), les forces électromotrices d'induction seront proportionnelles à

$$-\frac{dI}{dt} = I_0 \frac{1}{\sqrt{LC}} \sin\frac{t}{\sqrt{LC}},$$

elles atteindront, au temps $t_1 = \dfrac{T}{4}$, leur valeur maximum

$$I_0 \frac{1}{\sqrt{LC}};$$

nous pouvons donc dire que les forces électromotrices induites, ε_2 et σ_2, qui sont développées par la rupture, tendent vers les limites

$$(13) \qquad\qquad \varepsilon_2 = \frac{M}{\sqrt{LC}} I_0,$$

$$(14) \qquad\qquad \sigma_2 = \sqrt{\frac{L}{C}} I_0,$$

qui sont en raison inverse de la période des oscillations T, et que l'on peut aussi écrire

$$(15) \qquad\qquad \varepsilon_2 = \frac{2\pi M}{T} I_0,$$

$$(16) \qquad\qquad \sigma_2 = \frac{2\pi L}{T} I_0.$$

Dans le cas d'une bobine à circuit magnétique fermé, où les deux circuits sont à égale distance du noyau de fer et également répartis sur celui-ci, le flux de force créé par un des circuits traverse entièrement l'autre circuit; les coefficients d'induction peuvent être représentés de la façon suivante, en appelant N le nombre de spires de la bobine primaire, n celui de la bobine secondaire et A un coefficient qui dépend des dimensions des bobines

$$(17) \qquad L = AN^2,$$

$$(18) \qquad l = A n^2,$$

$$(19) \qquad M = ANn.$$

Lorsque le circuit magnétique est ouvert, et lorsque les deux bobines sont superposées au lieu d'être enroulées ensemble, il se produit des *fuites magnétiques*, le flux de force créé par une des bobines ne traverse pas entièrement l'autre bobine et il faut donner à A des valeurs différentes dans les équations (17) à (19); comme première approximation nous admettrons ces formules comme exactes et nous en tirerons

$$(20) \qquad M = \sqrt{Ll};$$

cette valeur, introduite dans (13), nous conduit à la formule donnée par Walter (**B.** n° 33)

$$(21) \qquad \varepsilon_2 = \sqrt{\frac{l}{C}}\, I_0.$$

De l'équation (13) nous tirerons les conclusions suivantes :

1° *La force électromotrice secondaire est proportionnelle à l'intensité primaire* I_0 *au moment de la rupture.*

2° *Elle est en raison inverse de la racine carrée de la capacité primaire.*

Le rapport des forces électromotrices ε_2 et σ_2 est égal à

$$\frac{\varepsilon_2}{\sigma_2} = \frac{M}{L} = \sqrt{\frac{l}{L}} = \frac{n}{N},$$

autrement dit :

3° *Le rapport des forces électromotrices est égal au coefficient de transformation de la bobine.*

Cette dernière conclusion nous expliquera plus tard, quand nous connaîtrons les valeurs pratiques des coefficients de transformation des bobines, pourquoi il faut prendre tant de précautions pour l'isolement du circuit primaire et du condensateur.

§ 6. Période complète. — En comparant les équations (7) et (8) avec (13) et (14), nous voyons qu'à la fermeture σ_1 ne dépasse pas la force électromotrice E de la source de courant ([1]), tandis qu'à la rupture σ_2 peut prendre une valeur considérable,

$$\frac{\sigma_2}{\sigma_1} = \frac{1}{R}\sqrt{\frac{L}{C}};$$

le rapport des forces électromotrices secondaires est le même,

$$\frac{\varepsilon_2}{\varepsilon_1} = \frac{1}{R}\sqrt{\frac{L}{C}}.$$

Nous savons qu'en pratique R^2 est négligeable devant $\frac{L}{C}$, donc les rapports $\frac{\sigma_2}{\sigma_1}$ et $\frac{\varepsilon_2}{\varepsilon_1}$ sont très élevés.

Cette comparaison de ε_2 et ε_1 explique le fait connu qu'un galvanomètre intercalé dans le circuit secondaire d'une bobine indique un courant de sens bien déterminé dès qu'une

---

([1]) L'observation de l'extra-courant de fermeture est rendue très difficile par le fait que sa tension ne dépasse jamais celle de la source. Pour le mettre en évidence il faut employer une pile de résistance intérieure r grande par rapport à la résistance R de la bobine de self employée, ou ajouter dans le circuit une résistance non inductive; dans ces conditions, la différence de potentiel aux bornes de la bobine, mesurée avec un voltmètre, ou constatée par la commotion, est égale à E au début; elle tombe à

$$E\frac{R}{R+r}$$

quand le régime est établi.

étincelle de longueur suffisante éclate dans le circuit, tandis qu'il reste au zéro si le secondaire est fermé en court-circuit. Dans le premier cas la force électromotrice de fermeture est insuffisante pour franchir l'intervalle entre les bornes secondaires, l'étincelle de rupture passe seule. Dans le second cas les deux courants induits de fermeture et d'ouverture passent également; or, l'intensité du courant induit i dans le secondaire a pour valeur

$$i = \frac{-\left(M\, \frac{dI}{dt} + l\, \frac{di}{dt} \right)}{r};$$

la *quantité* d'électricité qui correspond à la variation de zéro à I ou de I à zéro est

$$q = \int_0^1 i\, dt = \frac{-M}{r} \int_0^1 dI,$$

lorsque le temps t considéré est assez long pour que $i_t = i_0 = 0$; cette quantité est constante, *quelle que soit la forme du courant*, lorsque la résistance r est elle-même constante; ce cas se rencontre seulement quand le circuit secondaire est entièrement fermé par des résistances métalliques, lorsqu'il n'y a ni étincelles, ni phénomène équivalent. Les quantités d'électricité induites à la fermeture et à l'ouverture sont donc égales et de signes contraires et leur action totale sur le galvanomètre est nulle, lorsqu'elles se succèdent très rapidement.

La période complète d'une bobine d'induction donnant des décharges oscillantes se compose donc (*fig.* 14) du temps de fermeture du circuit primaire, pendant lequel les forces électromotrices induites ne peuvent pas dépasser E et $\frac{M}{L}$ E, puis du temps pendant lequel le circuit est ouvert.

La rupture est plus ou moins longue, mais elle ne représente généralement qu'une fraction du temps perdu.

Les forces électromotrices développées par la rupture

dépendent de l'intensité I_r au moment de cette rupture; selon la durée du temps de fermeture, I_r se rapproche plus ou moins de la valeur limite

$$I_0 = \frac{E}{R};$$

lorsque le temps de fermeture est trop petit pour que le

Fig. 14.

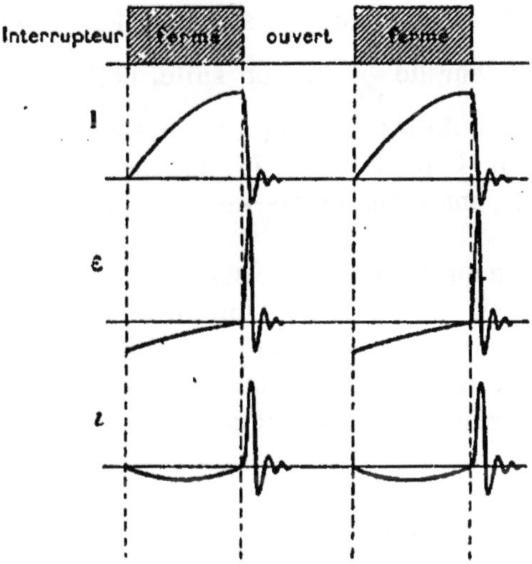

régime soit atteint, il faut remplacer I_0 par I_r dans les équations (9), (12), (13), (14) et (21).

Quand une étincelle éclate dans l'air, entre les bornes du secondaire, la quantité d'électricité induite à la fermeture peut être nulle, parce que la résistance r à ce moment peut être considérée comme infinie. Avec les tubes cathodiques il n'en est pas ainsi, la différence des intensités à l'ouverture et à la fermeture est encore très grande, mais cependant, dans quelques cas, on est obligé de se garantir contre l'effet du courant induit de fermeture.

§ 7. Bobine sans condensateur, fermée sur résistance

ohmique. — Ce cas est, à peu près, celui des bobines médicales. La période d'établissement du courant est exactement semblable à celle que nous avons vue ci-dessus, § 6. A
la rupture aucun calcul ne peut être fait, car le phénomène
dépend de circonstances nombreuses et encore mal définies.
Dès que le circuit primaire est rompu, l'intensité tend à
retomber à zéro, mais alors la force électromotrice de self-
induction s'ajoute à celle de la pile et une étincelle éclate
entre les points d'interruption. La résistance de cette étincelle est variable et inconnue, de sorte qu'il est difficile de
prévoir la grandeur de $\dfrac{dI}{dt}$ et, par suite, celle des forces
électromotrices induites. Quelques physiciens : Arons,
Johnson, Mizuno (**B.** nᵒˢ 34, 69 et 76) ont cherché à calculer
cette résistance, mais ces essais ne sont par vérifiés par
l'expérience.

La seule chose qui est établie, c'est que la durée du courant induit par la rupture est toujours beaucoup plus
courte que celle du courant induit de fermeture; par conséquent les deux forces électromotrices sont très inégales.

La bobine se résume ici au schéma de la figure 15. L'in-

Fig. 15.

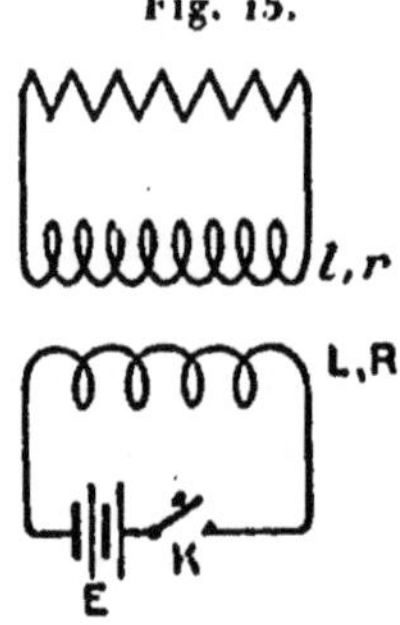

tensité secondaire i est fonction de la variation inconnue
des deux courants

$$i = \frac{-\left(M\dfrac{dI}{dt} + l\dfrac{di}{dt} \right)}{r},$$

elle est donc d'autant plus grande que la rupture est plus rapide. La figure 16 donne une idée de la forme des courants que l'on observe généralement dans ce cas.

Ainsi que nous l'avons vu précédemment, les quantités

Fig. 16.

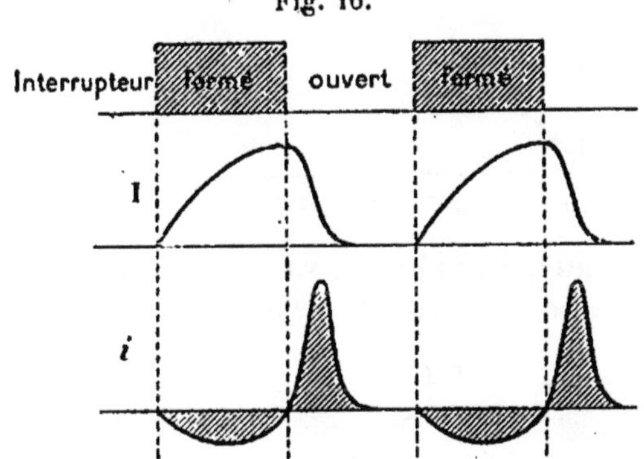

d'électricité induites à l'ouverture et à la fermeture sont égales et opposées.

Dans cette disposition des bobines il peut y avoir quelquefois des oscillations dues à la capacité propre du secondaire.

§ 8. Vérifications expérimentales. — La loi du courant

induit de fermeture se vérifie parfaitement, les expériences de Beattie (**B.** n° 71) montrent que la formule (7) est exacte.

La loi du courant de rupture n'est pas aussi simple que le veut la théorie ci-dessus, différentes anomalies la compliquent; nous allons examiner les contradictions observées entre l'expérience et la théorie.

D'après la théorie la force électromotrice induite devrait augmenter proportionnellement à l'intensité I_0 du courant au moment de la rupture; en réalité ce rapport n'est pas constant. Si l'on porte en ordonnées les intensités I_0 (*fig.* 17) et en abscisses les longueurs d'étincelles mesurées, on doit obtenir une courbe rappelant celle des potentiels explosifs,

A (voir *fig.* 49 et 50), tandis qu'on constate une inflexion

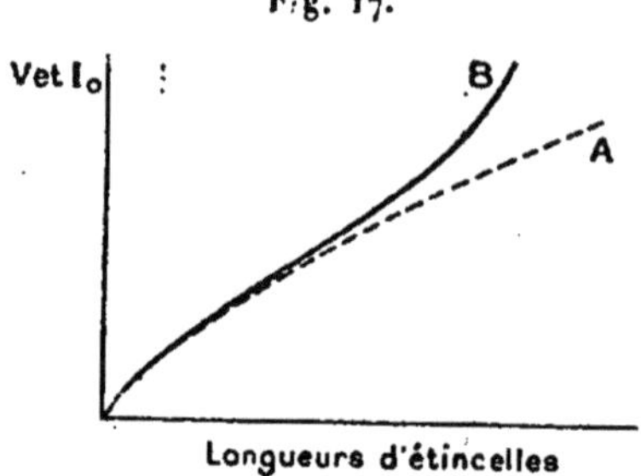

Fig. 17.

de la courbe obtenue, B, inflexion variable avec la bobine et avec l'interrupteur employés (**B.** n° 39).

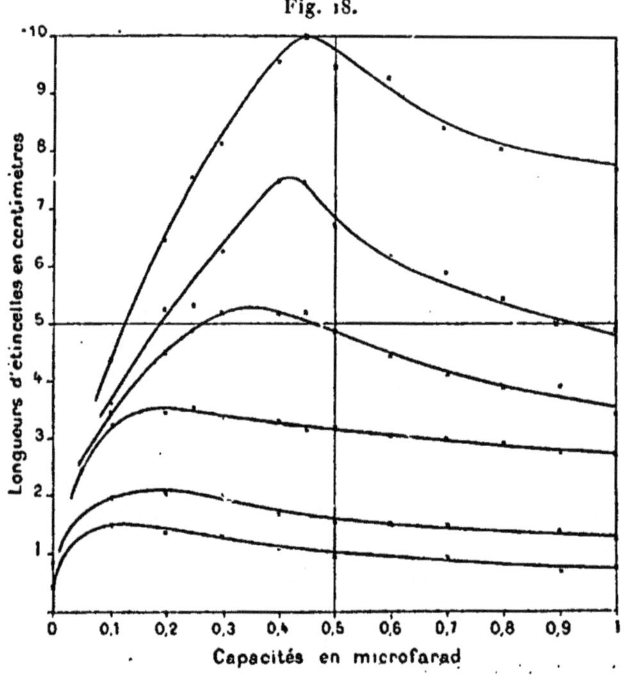

Fig. 18.

La longueur d'étincelles observée devrait augmenter en raison inverse de la racine carrée de la capacité C, or on

sait que, pour une capacité nulle, la longueur d'étincelles est
très petite; elle est également très petite si la capacité est
très grande; il y a donc une valeur de la capacité qui donne
les meilleurs résultats. L'existence de cette capacité *optimum*, qui était connue de tous les praticiens, a été mise en
évidence par les expériences de Mizuno (**B.** n° 41).

Les courbes de la figure 18, qui résument une partie des
expériences de Mizuno, montrent que la capacité optimum
varie avec l'intensité initiale I_0 du courant primaire.

Dès qu'on a dépassé la capacité optimum, on retrouve à
peu près la loi théorique (13); c'est ce qu'a constaté, entre
autres, Johnson (**B.** n° 70).

Le rapport des forces électromotrices d'induction au primaire et au secondaire a été constaté et vérifié (**B.** n°⁵ 28,
32, 39, 74, 84), mais il présente une anomalie sur laquelle
nous reviendrons plus loin.

L'observation des oscillations du courant primaire montre

Fig. 19.

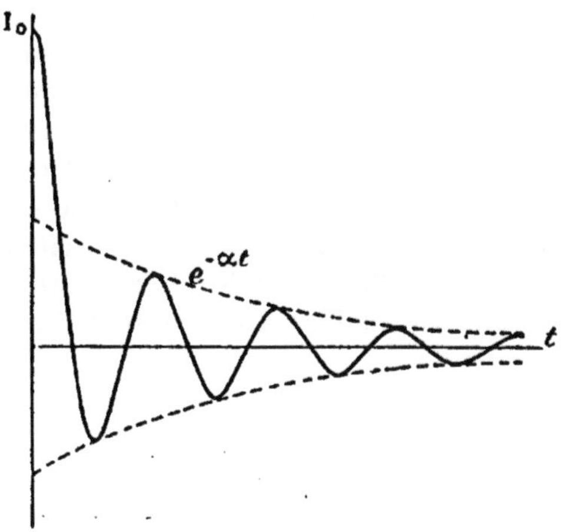

que le décrément logarithmique des oscillations, α, équation (9), est toujours plus grand que la valeur que le calcul lui assigne. De plus, le rapport des amplitudes des deux

premières demi-oscillations est généralement beaucoup plus grand que celui des suivantes (*fig.* 19).

Ces anomalies ont pour cause : les étincelles primaires et secondaires, la capacité propre du secondaire, la présence du fer. Nous allons examiner ces diverses causes séparément.

§ 9. Étincelle de rupture. — La théorie suppose qu'il ne se produit aucune étincelle à l'interrupteur, au moment où le circuit est rompu; l'expérience montre que cette étincelle existe, qu'elle est d'autant plus forte que l'étincelle secondaire est plus longue et qu'elle atteint son maximum, toutes choses égales d'ailleurs, lorsque le secondaire est absent; en outre, cette étincelle diminue lorsque la capacité du condensateur augmente, au moins avec les interrupteurs assez lents pour qu'on puisse séparer nettement la fermeture de la rupture.

L'étincelle de rupture agit-elle comme une résistance, variable ou constante, en dérivation sur les points de rupture? Arons (**B.** n° 34) a essayé de calculer l'effet d'une résistance variant de R_0 à l'infini, sans tenir compte du condensateur, et Mizuno (**B.** n° 76) suppose une résistance constante en dérivation sur le condensateur; ces essais n'ont pas résolu le problème. En considérant l'étincelle de rupture comme un phénomène disruptif, c'est-à-dire de durée très courte par rapport à la période d'oscillation du courant primaire, nous allons voir le phénomène devenir très simple à expliquer, mais, malheureusement, presque impossible à calculer.

Dans ce qui suit, nous ferons abstraction de la réaction du secondaire et nous supposerons l'amortissement nul.

Considérons tout d'abord comment se distribue l'énergie dans une bobine. Tant que le circuit primaire est fermé, l'énergie est fournie par la source de courant, la puissance n'est limitée que par la résistance du circuit. Une partie de l'énergie fournie se dépense en chaleur, l'autre s'emmagasine dans le circuit pour être restituée à la rupture.

A.

3

C'est cette dernière partie seulement de l'énergie, égale à $\dfrac{LI_0^2}{2}$, qui nous intéresse, car c'est elle qui nous fournira les étincelles. Si, comme nous l'avons supposé, l'amortissement est nul, l'énergie emmagasinée doit rester constante et, à mesure que l'énergie cinétique $\dfrac{LI^2}{2}$ diminue, par suite de la diminution d'intensité qui résulte de l'oscillation, l'énergie du condensateur doit augmenter; on doit toujours avoir

$$\frac{LI_0^2}{2} = \frac{C\sigma_i^2}{2} + \frac{LI_i^2}{2};$$

c'est ce que représente la figure 20; on voit qu'au moment

Fig. 20.

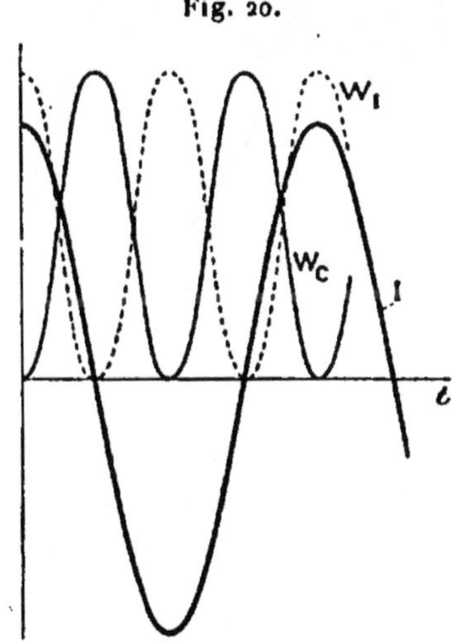

où l'intensité I est nulle, l'énergie totale se trouve dans le condensateur.

Nous savons qu'il existe entre les forces électromotrices primaire et secondaire un rapport constant; par conséquent, les courbes sur lesquelles nous allons discuter représenteront ces deux grandeurs par un simple changement de l'échelle des ordonnées.

Dès la rupture du courant, la force électromotrice de self-induction σ part de o, croît d'abord rapidement, puis passe par un maximum pour $t = \dfrac{T}{4}$ (*fig.* 21). A la rupture, la distance entre les points de contact est nulle d'abord ; or

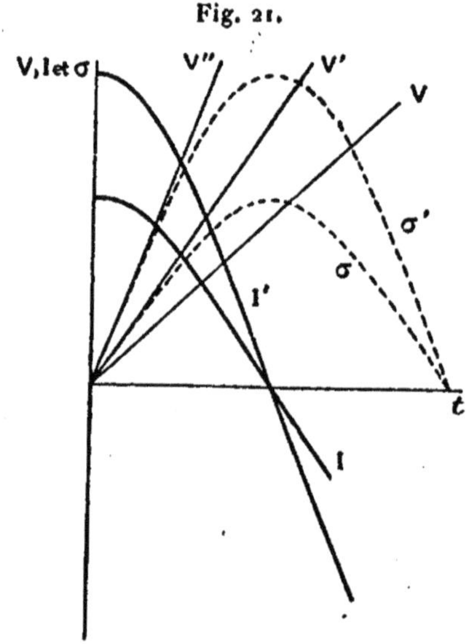

nous savons que, pour les très petites distances, le potentiel explosif est proportionnel à la distance; donc, si la vitesse est telle que le potentiel explosif V augmente moins vite que σ, une étincelle doit jaillir à l'interrupteur, allumer un petit arc et, par suite, empêcher la variation rapide du courant I; dans cette hypothèse, il faut, pour éviter l'étincelle de rupture, que la vitesse de l'interrupteur soit supérieure à une certaine valeur, de façon que la loi des potentiels explosifs V′ soit au moins tangente à la courbe σ. C'est la théorie proposée récemment par M. Ives (B. n° 81). Cette théorie est détruite immédiatement par l'objection suivante : Si l'on augmente l'intensité initiale I_0, la courbe σ devient σ' et dépasse V', de sorte que le résultat d'une augmentation d'intensité, sans changement de vitesse de l'interrupteur, doit être de *diminuer* la longueur des étincelles secondaires ?

Supposons maintenant que la courbe des potentiels explosifs V, au lieu de passer par l'origine, passe au-dessus (*fig.* 22), nous voyons immédiatement que, jusqu'au

Fig. 22.

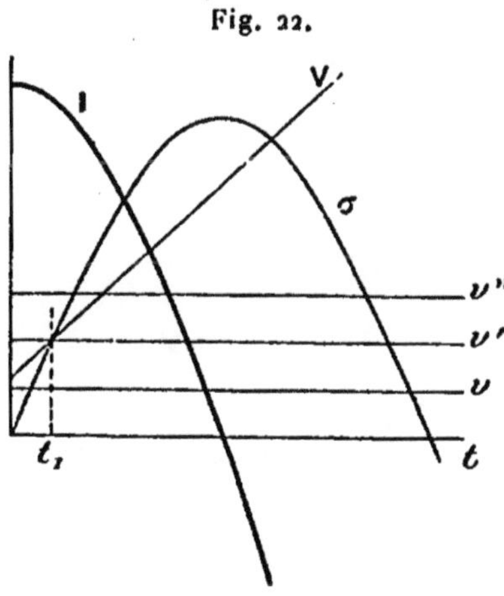

temps t_1, la force électromotrice σ est inférieure au potentiel explosif V, *l'étincelle de rupture éclate seulement à cet instant, elle est en retard sur la rupture géométrique du circuit.* Si les lignes v représentent, à l'échelle convenable, le potentiel explosif au secondaire, nous voyons que la longueur d'étincelles obtenue ne pourra pas dépasser v'. En effet, si le potentiel explosif au secondaire est v'', on voit qu'il ne peut être atteint qu'au moment où le potentiel explosif V à l'interrupteur est dépassé, l'étincelle a donc déjà éclaté à ce point, l'énergie disponible a été en partie dépensée. Il ne peut y avoir d'étincelle secondaire. Les ordonnées des lignes v et V représentant les potentiels explosifs peuvent être considérées aussi comme représentant la résistance à l'étincelle dans les deux circuits. Cette hypothèse nous fournit déjà un premier résultat : *l'étincelle se produit dans le circuit où la résistance relative est la plus faible.*

Cette théorie nous permet d'expliquer la capacité optimum : si nous faisons varier seulement la capacité C du condensateur, les forces électromotrices calculées seront représentées par les courbes successives σ_1, σ_2, ... de la figure 23, dont les amplitudes maxima sont en raison in-

Fig. 23.

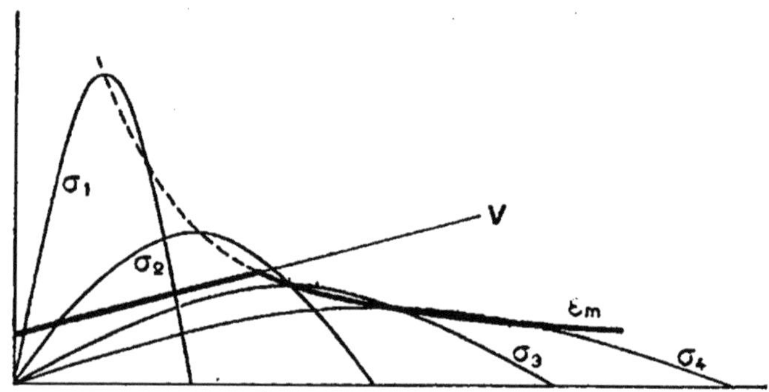

verse de la période, d'après l'équation (15). Si la loi du potentiel explosif est représentée par V, l'étincelle primaire éclatera au moment de la rencontre de V avec les courbes σ; si l'étincelle secondaire exige une différence de potentiel inférieure à $\dfrac{M}{L}$ V, c'est cette étincelle qui éclatera, de sorte que la loi des forces électromotrices maxima, *disponibles au secondaire*, est représentée par la courbe ε_m qui est tangente à V, tant que cette ligne coupe les courbes σ, et qui descend ensuite en suivant la loi théorique (13), c'est-à-dire en passant par les sommets des courbes σ. On remarquera l'analogie de la courbe ε_m avec celles de la figure 18.

Il nous faut compléter cette théorie en considérant ce qui se passe quand l'étincelle éclate à l'interrupteur. A ce moment le condensateur est chargé de toute l'énergie perdue

par la bobine, l'étincelle le décharge subitement (¹), la différence de potentiel devient nulle, de sorte que nous nous
retrouvons en face des conditions initiales et l'équation (1)
devient

$$RI + L\frac{dI}{dt} = E,$$

ou

$$L\frac{dI}{dt} = E - RI,$$

c'est-à-dire que la force électromotrice de self-induction
devient négligeable par rapport à ce qu'elle était précé-

Fig. 24.

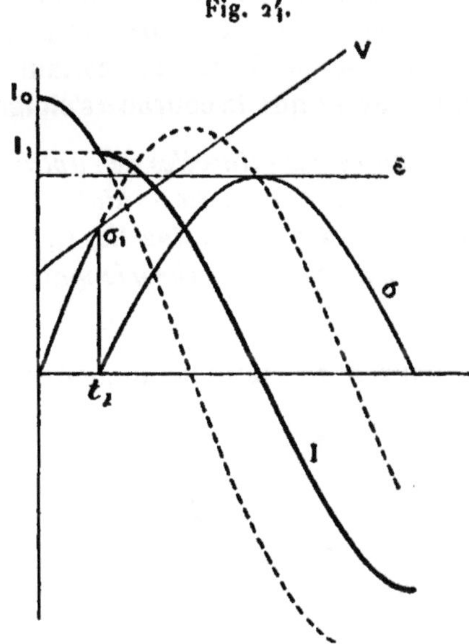

demment. Nous pouvons donc dire que le courant I rede-
vient constant pendant un temps infiniment court et qu'il

(¹) En réalité, la décharge du condensateur n'est pas instantanée,
elle est oscillante, intermittente ou amortie, mais la durée totale du
phénomène est si petite, vis-à-vis des oscillations de la bobine, que l'on
peut la considérer comme négligeable.

part ensuite de cette valeur I_1 pour commencer une oscillation d'amplitude moindre (*fig.* 24). La force électromotrice de self-induction, qui était montée jusqu'en σ_1, retombe à o pour repartir de nouveau.

Si la seconde partie de la courbe σ ne rencontre plus V, il ne se produit plus d'étincelle à l'interrupteur et les forces électromotrices d'induction se développant selon la théorie, on peut atteindre au secondaire la valeur

$$\varepsilon = \frac{M}{L}\,\sigma_m.$$

Si σ rencontre de nouveau V, il se produit une nouvelle étincelle et un nouveau point de rebroussement de la courbe I. Il peut ainsi se produire un certain nombre d'étincelles de rupture avant que la courbe σ s'éloigne de V.

Quel que soit le nombre des étincelles de rupture successives, tout se passe comme si l'intensité initiale était celle à laquelle s'est produite la dernière étincelle, I_1, et ce n'est qu'à partir de ce moment t_1 que la théorie mathématique peut être appliquée.

Nous pouvons comprendre maintenant comment le fait

Fig. 25.

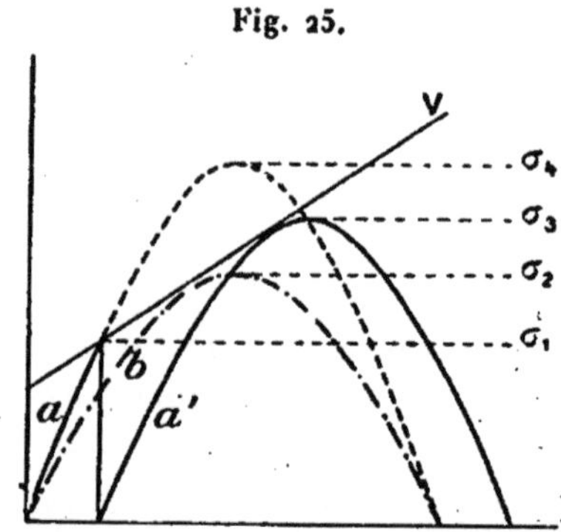

d'augmenter l'intensité I_0 permet d'augmenter la longueur d'étincelles. Soient b (*fig.* 25) la force électromotrice induite.

pour une certaine intensité de courant primaire, et V la loi du potentiel explosif; le maximum de b est σ_2. En augmentant l'intensité, nous obtenons la courbe a, qui rencontre V en σ_1, l'étincelle de rupture se produit alors et la force électromotrice repart pour une oscillation a' dont le maximum est σ_3, plus élevée que σ_2. Ainsi, malgré l'étincelle de rupture, il se produit une force électromotrice plus grande qu'en b.

Cette théorie, que j'ai indiquée en 1900 (**B.** n° 67), nous servira de guide par la suite.

§ 10. Vérification de la théorie de la moindre résistance à l'étincelle. — La théorie ci-dessus exige que l'étincelle de rupture éclate *en retard* sur la rupture matérielle du circuit. L'observation de cette étincelle à l'aide d'un miroir oscillant, commandé par l'interrupteur lui-même, montre que ce retard existe et qu'il varie avec la self-induction, la capacité et l'intensité du courant.

L'ordonnée à l'origine de la courbe V existe parce que nous prenons comme origine des temps le moment où les forces électromotrices partent de zéro, au lieu de prendre le moment de la rupture géométrique. La différence des temps entre les deux phénomènes peut être expliquée par plusieurs hypothèses; voici celles qui paraissent les plus vraisemblables : elles interviennent peut-être également dans le résultat.

Au moment même de la rupture, les deux points de contact sont séparés par une distance infiniment petite, de sorte qu'il existe entre elles une capacité, d'abord infinie, mais qui s'annule très vite. Cette capacité ainsi créée à la rupture retarde les forces électromotrices, qui se développent, à l'origine, moins vite que la théorie l'indique.

On peut aussi admettre que, par suite de la capacité secondaire, la différence de potentiel ne suit pas la loi sinusoïdale simple et que la formule (8) de Colley (**B.** n° 25) est exacte. La courbe des différences de potentiel est la somme des oscillations 1 et 2, du primaire et du secondaire (*fig.* 26); le maximum de $\dfrac{dU}{dt}$ n'est pas à l'origine; par suite, la courbe U ne rencontre V qu'après un retard notable.

Enfin, on sait que la théorie actuelle exige qu'il existe entre les électrodes une différence de potentiel minimum

Fig. 26.

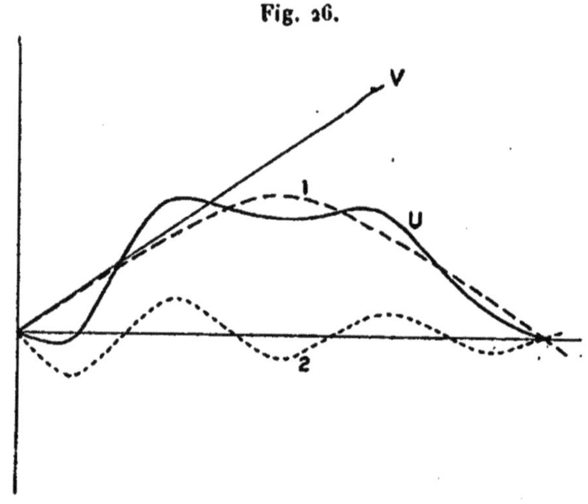

pour que l'étincelle puisse éclater, si petite que soit la distance entre les électrodes; cette valeur minimum correspond à la tension nécessaire pour déchirer la couche du diélectrique qui est en contact direct avec les électrodes. Il résulte de ceci que la courbe des potentiels explosifs ne passe pas exactement par l'origine.

Quelle que soit la cause réelle du retard de l'étincelle de rupture, ce retard existe, il faut en tenir compte.

L'existence des points de rebroussement des courbes d'intensité est nettement montrée par les oscillographes; les crochets des courbes des courants induits s'y trouvent également, comme on peut le voir sur les figures 3o, 3t et 35. Il serait trop long de discuter ici les résultats expérimentaux, on les trouvera dans les périodiques (B. n° 84). A l'oscillographe, les points de rebroussement ne se

montrent pas toujours très stables, on les voit, le plus souvent, varier entre I_0 et o; ceci se comprend facilement, la
loi du potentiel explosif à l'interrupteur n'est pas constante,
elle dépend de la forme et de l'état des surfaces de contact
et elle est modifiée à chaque instant par les étincelles elles-
mêmes qui corrodent les surfaces.

Un autre fait vérifie encore l'existence des points de
rebroussement : nous avons vu que l'amortissement des
oscillations est régulier seulement à partir de la deuxième
demi-oscillation. Si nous prolongeons la courbe des sommets des oscillations, nous arrivons toujours à rencontrer
le point de rebroussement (*fig.* 27). De plus, l'expérience

Fig. 27.

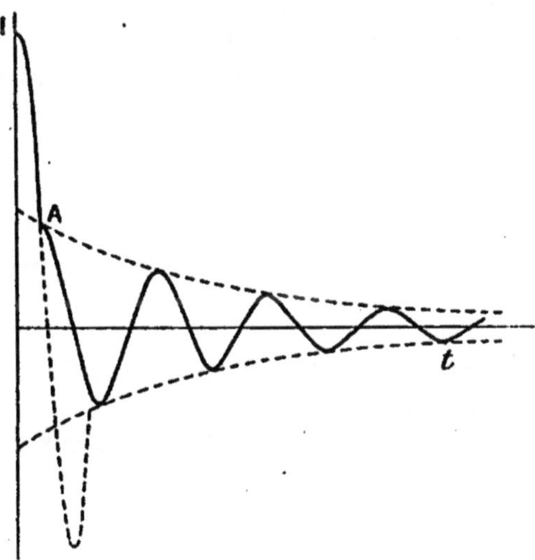

montre que l'augmentation de la capacité primaire, qui
diminue la force électromotrice de self-induction, fait disparaître l'anomalie ci-dessus; la différence entre la première demi-oscillation et les suivantes disparaît (**B.** n° 84).

La nature des métaux entre lesquels a lieu l'interruption
influe sur le résultat, comme on peut s'y attendre ;
M. Beattie a démontré (**B.** n° 71) que la capacité optimum

était plus petite avec le platine qu'avec les autres métaux. De son côté, M. Ives a trouvé (**B.** n° 83) que la capacité optimum était différente, dans un interrupteur à mercure, selon la polarité de la tige de cuivre et du mercure. Ces expériences s'expliquent facilement par la corrosion des surfaces de contact, laquelle varie avec la nature du métal et le sens du courant.

La théorie conduit à cette conséquence que la vitesse de rupture doit être aussi grande que possible; lord Rayleigh a même montré qu'en rompant un fil avec une balle de fusil, on pouvait atteindre de longues étincelles, *sans condensateur primaire* (**B.** n° 79). Pratiquement la vitesse de rupture est limitée. Avec les interrupteurs à contact solide on ne peut pas dépasser une certaine valeur, à cause de l'imperfection des contacts; cependant on a fait beaucoup de progrès dans cette voie. Avec les interrupteurs à mercure, au delà d'une certaine vitesse, le mercure est entraîné et il n'y a plus interruption ou, tout au moins, la vitesse initiale de rupture atteint une limite due, probablement, à ce que la colonne de mercure, entraînée par le mouvement, se rompt par son propre poids. Ceci peut expliquer pourquoi les interrupteurs à mercure sont moins favorables pour les petites bobines que pour les grandes; les premières ont une durée d'oscillation plus courte, elles exigent une plus grande vitesse initiale.

Une conséquence paradoxale de la théorie sur laquelle nous nous basons, c'est que l'étincelle de rupture ne peut pas être évitée; l'étincelle secondaire est souvent plus longue et plus régulière avec une étincelle de rupture flambante et volumineuse, qu'avec une étincelle de rupture moins apparente. On comprend facilement que, si plusieurs petites étincelles éclatent à l'interrupteur, leur aspect est différent de celui d'une seule décharge du condensateur primaire, mais, comme le résultat final, longueur de l'étincelle secondaire, dépend seulement de l'intensité I au moment de la dernière étincelle de rupture, il n'existe aucun rapport défini entre les deux étincelles.

L'étincelle de rupture multiple permet aussi de comprendre qu'il peut être avantageux d'augmenter la self-induction du primaire, toutes choses égales d'ailleurs, car cela permet de conserver plus d'énergie après la décharge du condensateur. Cette augmentation ne pouvant pas se calculer, il est bon d'employer des primaires à self-induction réglable.

§ 11. **Rôle de la capacité secondaire.** — La capacité secondaire n'est pas uniquement située aux bornes ; elle est répartie, d'une façon plus ou moins régulière, dans tout le circuit. Selon la forme de l'enroulement, la *capacité propre* du secondaire est plus ou moins grande.

La figure 28 représente schématiquement la section gé-

Fig. 28.

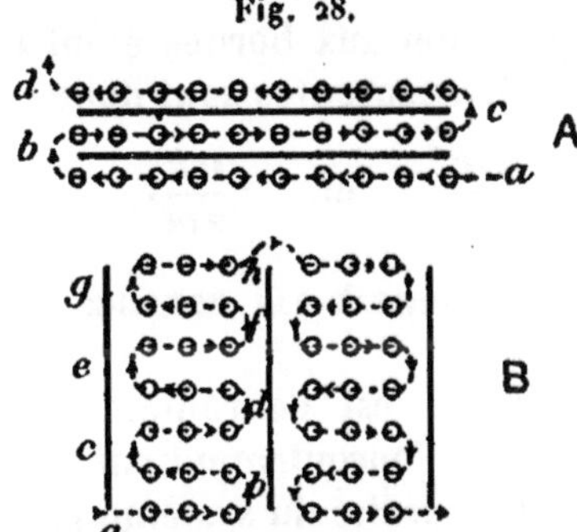

nératrice d'une bobine ; les petits cercles représentent la section des fils des spires consécutives et les flèches le sens des forces électromotrices. Il est évident qu'il existe entre a et b une différence de potentiel d'autant plus grande que le nombre de spires intercalées entre ces points est plus grand.

Si chaque spire donne une force électromotrice ε et si nous considérons deux couches consécutives, formées chacune de P tours, la différence de potentiel entre deux spires, voisines mais appartenant chacune à une couche, est $2p\varepsilon$, p étant le nombre de spires compté à partir du point de jonction des deux couches; la quantité d'électricité emmagasinée est, en appelant k la capacité qui existe entre chaque spire et sa correspondante de l'autre couche :

$$\int_0^P k\varepsilon\, 2p\, dp = P^2 k\varepsilon.$$

Supposons le même nombre de spires $2P$ réparti sur $2m$ couches, chaque double couche emmagasinera

$$\frac{P^2 k\varepsilon}{m^2}$$

et l'ensemble m fois plus

$$\frac{P^2 k\varepsilon}{m},$$

la différence de potentiel aux bornes étant dans les deux cas $2P\varepsilon$, les capacités apparentes sont donc

$$\frac{Pk}{2} \qquad \text{et} \qquad \frac{Pk}{2m},$$

c'est-à-dire que le système à $2m$ couches donnera m fois moins de capacité.

Le premier système est l'enroulement par couches (*fig.* 28, A) et le second l'enroulement par sections (*fig.* 28, B). Il faut ajouter à la capacité du système par sections celle qui résulte du voisinage de deux sections consécutives. La valeur réelle et le calcul de la capacité propre du secondaire constituent un des points les plus obscurs de la théorie; la démonstration ci-dessus n'est qu'une très grossière approximation ([1]).

([1]) Les spires placées à l'intérieur de l'enroulement doivent prendre une charge nulle, parce que les quantités d'électricité qui résultent de l'induction électrostatique des spires voisines sont égales et de signes contraires. Les spires placées sur les surfaces qui enveloppent la bobine n'étant pas entourées complètement prennent des charges plus ou moins grandes, de sorte qu'il semble que la capacité propre d'une bobine doit se réduire à celle des spires superficielles.

Quelle que soit la répartition de la capacité propre du secondaire, elle n'est pas toujours négligeable; c'est à elle qu'étaient dues les oscillations électriques observées par Mouton (**B**. n° 21) dans une bobine *n'ayant pas de condensateur primaire*. C'est encore elle qui fait que l'on observe des oscillations dans le primaire d'une bobine dont le secondaire est fermé en court-circuit, alors que la dépense d'énergie dans le secondaire devrait amortir complètement les oscillations primaires.

Quelle est la grandeur de la capacité propre du secondaire et dans quelles limites doit-on en tenir compte ? Les avis diffèrent beaucoup : Walter (**B**. n° 43) estime cette capacité à $1,1 \times 10^{-6}$ microfarad pour sa bobine et, d'après les résultats qu'il indique, Oberbeck calcule pour la même 450×10^{-6}! Il semble que, pour la théorie des bobines, le nombre de Walter représente mieux la capacité propre du secondaire des bobines moyennes. Si l'on adopte le premier nombre, on voit que la durée d'oscillation du secondaire est beaucoup plus courte que celle du primaire; par suite on peut, comme première approximation, négliger cette capacité propre.

Un des effets les plus probables de la capacité propre du secondaire doit être de causer des différences de phases entre les différentes parties du circuit; cet effet, qu'il ne faut pas confondre avec les *ondes stationnaires* dont nous parlerons plus loin, peut diminuer la différence de potentiel aux bornes du secondaire (**B**. n° 82).

Lorsqu'on ajoute une capacité aux bornes du secondaire, les choses changent; la prédominance des oscillations secondaires est vite obtenue et l'on rentre dans les cas prévus par les équations de Colley; on voit la superposition des courtes oscillations primaires sur les oscillations plus longues du secondaire (*fig.* 29). *Les oscillations secondaires ont un amortissement plus faible que celles du primaire,* de sorte qu'elles ne s'éteignent pas entièrement pendant le temps perdu; elles ont, à la fermeture suivante, une amplitude suffisante pour créer dans le primaire une force électromotrice induite qui vient troubler l'établissement

Fig. 29.

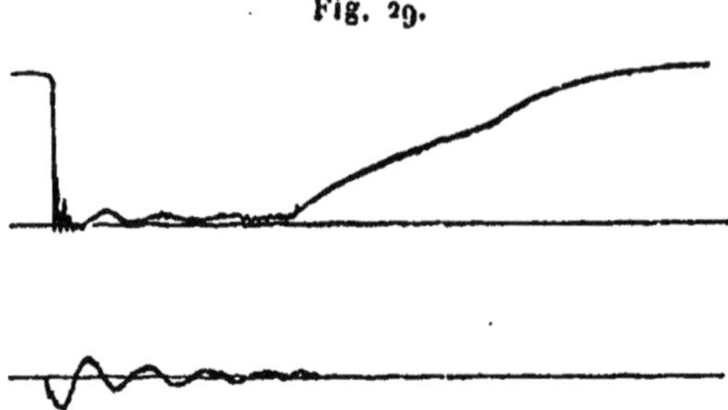

et l'on obtient quelquefois ainsi un courant *négatif* de très grande intensité (*fig.* 3o). Si le temps perdu est assez long,

Fig. 3o.

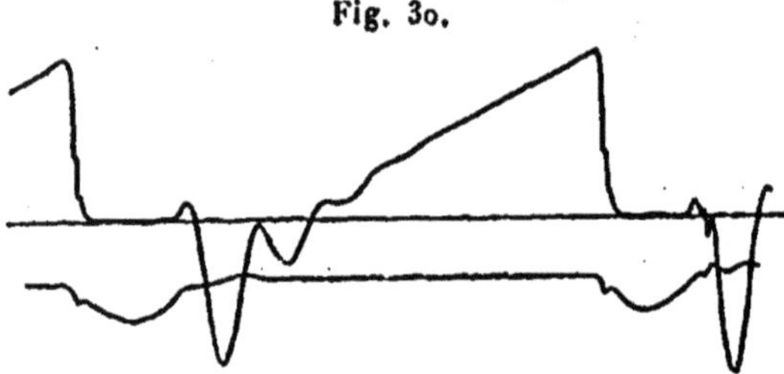

cette action s'atténue, mais la capacité secondaire cause

Fig. 3i.

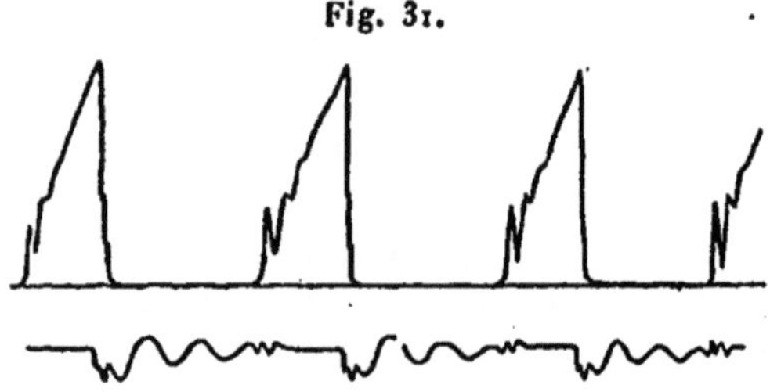

encore des oscillations primaires à l'établissement, sans toutefois changer le signe du courant (*fig.* 3i).

§ 12. Résonance. — La résonance a été souvent invoquée pour expliquer la capacité optimum et certains phénomènes obscurs; existe-t-elle et dans quelles circonstances doit-on y avoir recours?

La résonance telle qu'on l'envisage généralement en Électricité n'existe pas; en effet, si l'on considère un circuit résonateur, formé d'une self-induction et d'une capacité, relié à un alternateur, on voit que l'intensité dans ce circuit et la différence de potentiel aux bornes du condensateur sont très faibles, tant que la résonance n'est pas atteinte; au contraire, à la résonance parfaite, l'intensité arrive à son maximum et la différence de potentiel du condensateur peut dépasser de beaucoup la force électromotrice de l'alternateur; si l'on mesure la puissance absorbée, on voit qu'elle est également maximum à ce moment.

Avec la bobine le phénomène est différent; il ne faut pas oublier que la phase intéressante est celle de la rupture; à ce moment il n'y a plus de liaison complète avec la source d'électricité, l'énergie disponible est limitée à la quantité $\dfrac{LI^2}{2}$,

qui s'y trouvait emmagasinée au moment de la rupture. Donc, quoi que l'on fasse, la résonance ne pourra pas augmenter la puissance demandée à la source; l'un des facteurs les plus importants du phénomène disparaît; bien entendu, nous considérons toujours ici les deux phases, fermeture et ouverture, comme nettement séparées et sans influence l'une sur l'autre.

Une comparaison s'impose immédiatement entre la bobine et le diapason; tous les deux, après avoir été mis en vibration, c'est-à-dire après avoir reçu une quantité d'énergie limitée, sont abandonnés à eux-mêmes. On sait qu'un diapason fait vibrer un résonateur d'autant mieux que celui-ci est plus près de l'accord; dès qu'on s'éloigne de l'accord, *en plus ou en moins,* le résonateur devient silencieux. Obtient-on un effet analogue avec les bobines? Ce que nous savons de la théorie mathématique démontre le contraire. En effet, si nous prenons l'équation (8) de Colley (B. n° 25), en supposant l'amortissement des oscillations négligeable, nous voyons que la différence de potentiel secondaire u décroît constamment quand la capacité secondaire c augmente. On a, pour $c = o$,

$$u = I_0 \sqrt{\frac{l}{C}};$$

à la résonance, quand $c = \dfrac{LC}{l}$,

$$u = \frac{1}{2} I_0 \sqrt{\frac{L}{c}} = \frac{1}{2} I_0 \sqrt{\frac{l}{C}};$$

et enfin, quand c est très grand, devant $\dfrac{LC}{l}$,

$$u = I_0 \sqrt{\frac{L}{c}}.$$

Les formules de Colley paraissent ici en défaut, car si l'on considère l'énergie totale disponible on doit toujours trouver $\dfrac{LI_0^2}{2}$; or, le calcul se vérifie bien pour les deux limites $c = o$ et $c = \infty$, mais à la résonance on a seulement

$$\frac{cu^2}{2} + \frac{CU^2}{2} = \frac{LI_0^2}{4}.$$

Cette différence vient de ce fait que Colley, comme tous les autres, a dû négliger un certain nombre de termes afin d'éviter la complication inextricable des formules, mais il en résulte qu'on ne doit généraliser ses résultats qu'avec beaucoup de prudence.

Si l'on prend comme base du calcul la constance de l'énergie, en négligeant toujours les pertes par effet Joule, on a

$$\frac{cu^2}{2} + \frac{CU^2}{2} = \frac{LI_0^2}{2},$$

A.

d'où

$$U = \frac{LI_0}{\sqrt{cl + CL}},$$

$$u = \frac{MI_0}{\sqrt{cl + CL}},$$

ce qui conduit, pour la résonance, à

$$U_r = \frac{LI_0^2}{\sqrt{2\,LC}},$$

$$u_r = \frac{MI_0^2}{\sqrt{2\,LC}},$$

les valeurs limites, pour $c = o$ et $c = \infty$, étant les mêmes que ci-dessus ([1]).

La loi des différences de potentiel en fonction des capacités est représentée par les courbes de la figure 32, selon que l'on admet l'une ou l'autre des hypothèses; on voit donc que la résonance ne peut pas avoir pour effet d'augmenter la force électromotrice au secondaire. Cependant, l'expérience montre que l'on obtient quelquefois une augmentation de la longueur d'étincelle, lorsque, ayant une assez grande capacité ajoutée au secondaire, on règle le conden-

---

([1]) On peut démontrer que le rapport des différences de potentiel aux bornes des deux capacités est constant, comme celui des forces électro-motrices, *lorsque la bobine n'a pas de fuites magnétiques*. En effet, on peut, en négligeant la force électromotrice de la source et la résistance des circuits, écrire

$$U = L\frac{dI}{dt} + M\frac{di}{dt}, \qquad I = -C\frac{dU}{dt},$$

$$u = l\frac{di}{dt} + M\frac{dI}{dt}, \qquad i = -c\frac{du}{dt},$$

d'où l'on tire

$$\frac{U}{M} - \frac{u}{l} = \frac{M^2 - Ll}{Ml}C\frac{d^2U}{dt^2},$$

et si $M^2 = Ll$,

$$\frac{u}{U} = \frac{l}{M};$$

le rapport est donc égal au coefficient de transformation.

sateur primaire de façon à être dans le voisinage de la
résonance : $CL = cl$. Cette *pseudo-résonance* peut s'expliquer approximativement par la théorie de la moindre
résistance à l'étincelle. Lorsque la capacité secondaire n'est
pas négligeable, nous avons vu que les forces électromotrices induites sont la somme de deux fonctions de périodes

Fig. 32.

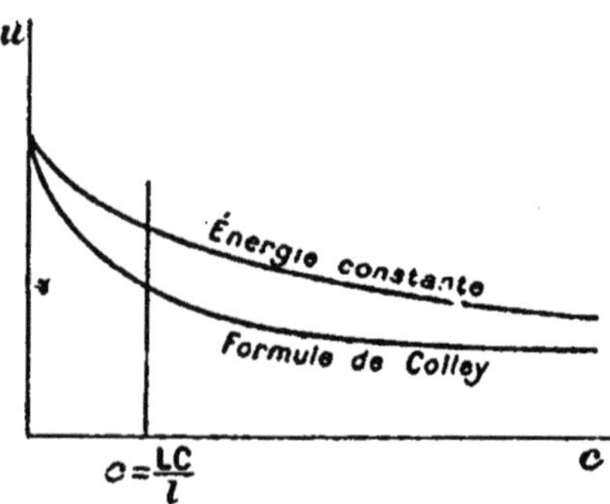

différentes; les dentelures de la courbe des différences
de potentiel U à l'interrupteur (*fig.* 26) ont plus de chances
de rencontrer la ligne des potentiels explosifs V que la
courbe unique 1, que l'on obtient à la résonance.

On peut penser qu'une bobine dont les deux circuits sont
en résonance est le siège d'*ondes stationnaires* avec un maximum de tension aux bornes et un maximum d'intensité au
milieu. Il est possible qu'en effet l'intensité ne soit pas égale
en tous les points du circuit secondaire, mais il est peu probable que l'on puisse trouver là des nœuds et des ventres
comparables à ceux que l'on observe avec les oscillations
hertziennes. Le problème est différent : dans chaque spire
d'une bobine il y a superposition de deux forces électromotrices, l'une à peu près égale pour toutes les spires, produite
par l'action du primaire, est proportionnelle à $\frac{dI}{dt}$, l'autre
est due au passage de l'onde; il est probable que la force
électromotrice d'induction mutuelle masque fréquemment.

la seconde, car il est très difficile d'observer nettement une variation d'intensité le long du circuit secondaire, tant qu'il n'y a pas d'oscillations de très grande fréquence ; dans ce dernier cas, la résonance du primaire et du secondaire ne peut plus être invoquée.

§ 13. **Rôle du fer.** — Jusqu'ici nous avons toujours considéré la bobine comme ne renfermant pas de noyau de fer. S'il est impossible de faire entrer dans les équations générales des termes rappelant l'action du fer, il n'est pas douteux cependant que cette action existe, qu'elle est très importante et il est utile de se rendre compte du rôle qu'elle peut jouer.

On sait que le noyau de fer augmente la *puissance* des bobines comme des transformateurs industriels. Il y a cependant une différence importante entre les deux : alors que, dans le transformateur ordinaire, le fer agit par sa *perméabilité* qui permet d'absorber plus d'énergie du côté de la source et d'en rendre plus de l'autre côté, dans la bobine d'induction, qui est en quelque sorte un transformateur *différé* (¹), car elle emmagasine de l'énergie pour la rendre *plus tard* au moment de la rupture, l'hystérésis joue un rôle important. Si le circuit magnétique est complètement fermé, l'énergie *utile* totale est indépendante du fer, elle augmente quand le circuit magnétique est ouvert et diminue ensuite ; il y a donc une certaine proportion du circuit magnétique qui correspond à l'effet *utile* maximum. Ce fait, qui était connu matériellement, a été expliqué par lord Rayleigh (**B.** n° 79).

La théorie de lord Rayleigh est la suivante : Considérons un barreau de fer droit placé dans un champ magnétisant uniforme $\mathcal{H}$; l'aimantation de ce barreau produit aux extrémités des masses magnétiques qui créent un champ de sens opposé à $\mathcal{H}'$. Si nous appelons Δ le facteur démagnétisant

---

(¹) Nous considérons toujours la fermeture et la rupture comme des phénomènes nettement séparés.

et $\mathfrak{I}$ l'intensité d'aimantation, le champ inverse est égal à $\Delta\mathfrak{I}$ et nous avons l'équation connue

$$\mathfrak{IC} = \mathfrak{IC}' - \Delta\mathfrak{I},$$

c'est-à-dire que le barreau est soumis à l'action effective d'un champ $\mathfrak{IC}$ d'autant plus faible que Δ est plus grand; or, Δ est fonction du rapport du diamètre à la longueur du barreau. On sait que l'énergie emmagasinée dans le champ magnétique $\mathfrak{IC}'$ pendant l'aimantation est proportionnelle à

$$W_{\mathfrak{IC}} = \int \mathfrak{IC}'\,d\mathfrak{I} = \int \mathfrak{IC}\,d\mathfrak{I} + \Delta \int \mathfrak{I}\,d\mathfrak{I};$$

si le cycle est complet, le terme $\int \mathfrak{IC}\,d\mathfrak{I}$ représente l'énergie absorbée par l'hystérésis, il ne reste donc comme énergie disponible que

$$\int \mathfrak{I}\,d\mathfrak{I} = \frac{\Delta\mathfrak{I}^2}{2}.$$

Par conséquent, l'énergie disponible augmente, toutes choses égales d'ailleurs, avec le facteur démagnétisant, c'est-à-dire quand le rapport du diamètre à la longueur augmente ([1]).

([1]) On peut, en étendant la théorie à deux cas calculables, montrer qu'il y a une valeur du circuit magnétique qui donne le maximum d'effet utile. La variation d'énergie d'une bobine traversée par un courant I est

$$d\mathrm{W} = \mathrm{I}\,d\Phi,$$

Φ étant le flux total qui traverse la bobine,

$$\Phi = \mathfrak{Vb}\mathrm{SN}.$$

La bobine ayant N tours de surface S et sa longueur étant λ, la force magnétisante $\mathfrak{IC}'$ est

$$\mathfrak{IC}' = \frac{4\pi\mathrm{NI}}{\lambda},$$

si la bobine est suffisamment longue. On tire de là

$$d\mathrm{W} = \frac{\mathrm{S}\lambda}{4\pi}\,\mathfrak{IC}'(d\mathfrak{IC} + 4\pi\,d\mathfrak{I}).$$

Considérons maintenant un circuit magnétique presque fermé (*fig.* 33):

Si le circuit magnétique est droit ou pas complètement

appelons λ' la longueur des lignes de force dans l'entrefer et λ leur lon-

Fig. 33.

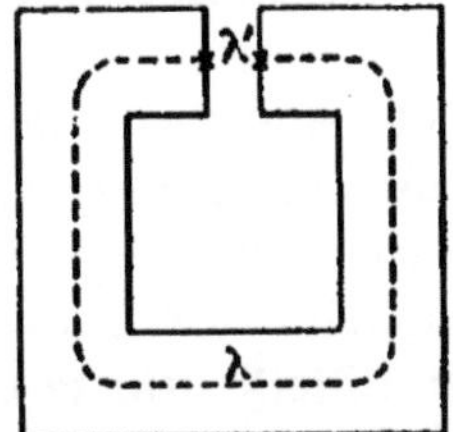

gueur dans le fer; supposons le flux uniforme dans tous les points et appli-
quons l'équation classique du circuit magnétique :

$$4\pi NI = \mathfrak{V}S \left(\frac{\lambda}{\mu S} + \frac{\lambda'}{S} \right),$$

en nous rappelant que

$$\mathfrak{V} = \mu \mathcal{H} = \mathcal{H} + 4\pi \mathfrak{I};$$

nous obtenons alors pour dW la valeur suivante :

$$d\mathrm{W} = \frac{S\lambda}{4\pi} \left[\left(\frac{\lambda + \lambda'}{\lambda} \right) \mathcal{H}\, d\mathcal{H} + 16\pi^2 \frac{\lambda'}{\lambda} \mathfrak{I}\, d\mathfrak{I} \right.$$
$$\left. + 4\pi \left(\frac{\lambda + \lambda'}{\lambda} \right) \mathcal{H}\, d\mathfrak{I} + 4\pi \frac{\lambda'}{\lambda} \mathfrak{I}\, d\mathcal{H} \right].$$

Pour la raison indiquée plus haut, les facteurs $\mathcal{H}\, d\mathfrak{I}$ et $\mathfrak{I}\, d\mathcal{H}$ doivent
disparaître et il reste, toutes simplifications faites,

$$\mathrm{W} = \frac{S\lambda}{8\pi} \mathcal{H}'^2 \frac{\lambda^2 + \lambda\lambda'(\mu^2 - 2\mu + 2)}{(\lambda + \mu\lambda')^2}.$$

On voit immédiatement que, si l'on ferme complètement le circuit magnétique, $\lambda' = 0$ et

$$\mathrm{W} = \frac{S\lambda}{8\pi} \mathcal{H}'^2,$$

comme s'il n'y avait pas de fer dans la bobine. Au contraire, quand le
rapport des longueurs λ à λ' est égal à la perméabilité μ, l'énergie dispo
nible est maximum et égale à

$$\text{maximum } \mathrm{W} = \frac{S\lambda}{8\pi} \mathcal{H}'^2 \frac{\mu}{4}.$$

Pour comparer le noyau droit au circuit magnétique fermé, il suffit de fermé, il se produit des *fuites magnétiques*, on a

$$M^2 < Ll;$$

lord Rayleigh a expliqué comment les fuites font perdre de l'énergie (**B.** n° 79); nous pouvons montrer cette perte d'une façon différente.

Il n'y a que deux cas où l'énergie de la bobine est bien utilisée : quand le circuit secondaire est fermé sur une résistance capable d'absorber beaucoup d'énergie ou quand il y a une très grande capacité aux bornes de ce circuit. Le calcul de l'énergie est difficile dans le premier cas, mais assez aisé dans le second. Nous savons, par les équations de Colley, que la différence de potentiel maximum au secondaire, en négligeant toujours les résistances des circuits, est

$$u = \frac{MI_0}{\sqrt{lc}};$$

se rappeler que le champ effectif qui agit sur le noyau est

$$\mathcal{H} = \mathcal{H}' - \Delta \mathfrak{I},$$

tandis qu'il est

$$\mathcal{H} = \mathcal{H}' - \mathfrak{B}\,\frac{\lambda'}{\lambda},$$

dans le circuit fermé. Les deux systèmes seront donc égaux dès que l'on aura

$$\mathfrak{B}\,\frac{\lambda'}{\lambda} = \Delta \mathfrak{I};$$

or, $\mathfrak{I}$ est, à peu près, égal à $\dfrac{\mathfrak{B}}{4\pi}$; il faut donc simplement avoir

$$\Delta = 4\pi\,\frac{\lambda'}{\lambda} = \frac{4\pi}{\mu}.$$

L'expérience montre que l'on a généralement μ moyen voisin de 5o seulement dans les noyaux de fer des bobines; Δ doit donc être o,25, ce qui, d'après les valeurs connues des facteurs démagnétisants, correspond *à une longueur égale à dix fois le diamètre du noyau.*

Ce calcul n'est évidemment que très approximatif, on ne doit en tirer que des indications générales, car il faut se rappeler qu'il repose sur des simplifications nombreuses et sur la théorie du circuit magnétique qui ne tient pas compte de l'hystérésis.

l'énergie emmagasinée dans le secondaire est donc

$$\frac{cu^2}{2} = \frac{M^2 I_0^2}{2l},$$

et, si nous admettons comme ci-dessus $L > \dfrac{M^2}{l}$,

$$\frac{cu^2}{2} < \frac{L I_0^2}{2},$$

l'énergie utilisée est donc moindre que l'énergie utile.

La théorie prévoit l'amortissement des oscillations par suite de la dépense d'énergie dans les circuits par effet Joule; l'expérience montre que l'amortissement est toujours beaucoup plus grand que ne l'indique le calcul; il y a donc une autre cause de pertes.

L'observation des oscillations montre que, à amplitude initiale égale, le rapport de deux oscillations consécutives, abstraction faite de la première, *est indépendant de la durée d'oscillation;* la perte est donc due à un phénomène cyclique, indépendant du temps, et il est naturel de l'attribuer à l'action du fer.

L'action du fer se fait aussi sentir à la fermeture du circuit. Le coefficient de self-induction d'une bobine avec fer n'est pas constant, il est fonction de l'intensité (*fig.* 34);

Fig. 34.

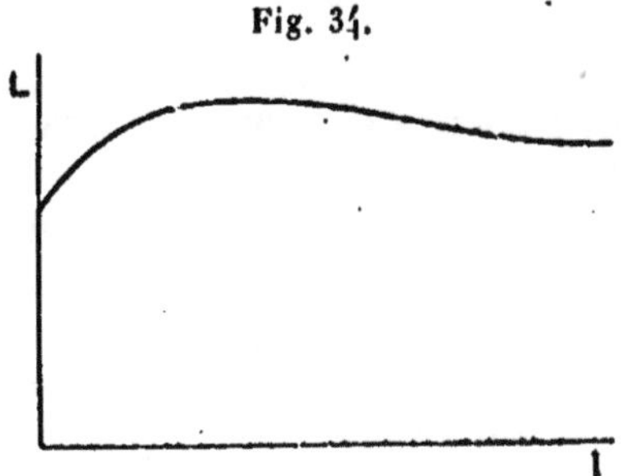

il suit la perméabilité du fer, de sorte que, si ce dernier est saturé, la force électromotrice de self-induction, qui s'oppose à l'établissement du courant, s'abaisse plus vite qu'on ne peut le prévoir et l'on obtient une courbe ayant un

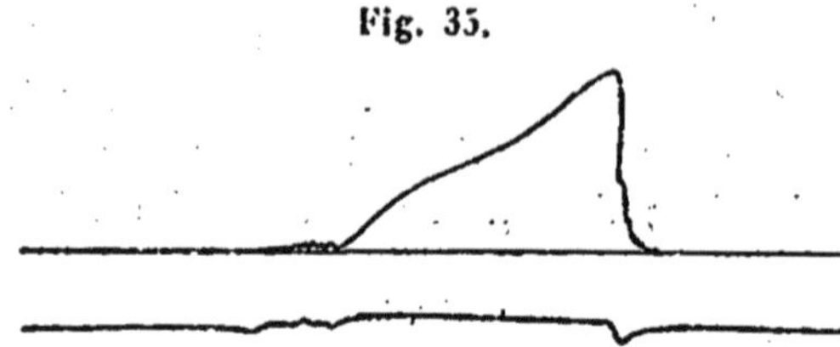

Fig. 35.

point d'inflexion; après la saturation, l'intensité augmente
plus vite pendant un certain temps, au lieu de suivre la

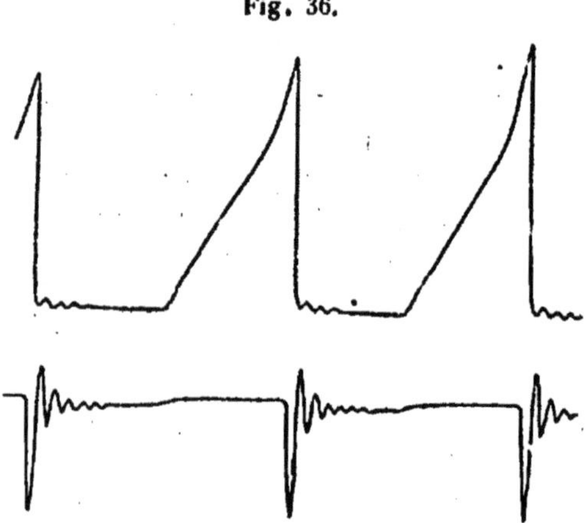

Fig. 36.

forme théorique; c'est ce que montrent très nettement les
figures 35, 36 et 37.

La perméabilité variable du fer produit encore un autre
effet; l'action magnétisante qui s'exerce sur le fer est la
résultante des actions des deux circuits, de sorte que, pour
une même intensité primaire, on peut obtenir des oscillations de longueurs différentes, selon qu'il y a ou non un
courant dans le secondaire. Les figures 31 et 37 montrent
cet effet; pendant tout le temps de l'ouverture du primaire,
il y a des oscillations complexes dues au primaire et au
secondaire; la période de ces dernières est donnée par la

courbe inférieure qui est proportionnelle à $\dfrac{d\Phi}{dt}$. Dès que le primaire est refermé, ses oscillations propres disparaissent puisque le condensateur est en court-circuit; il ne reste donc plus que les oscillations induites par le secondaire dans le primaire; l'examen de la courbe d'établissement

Fig. 37.

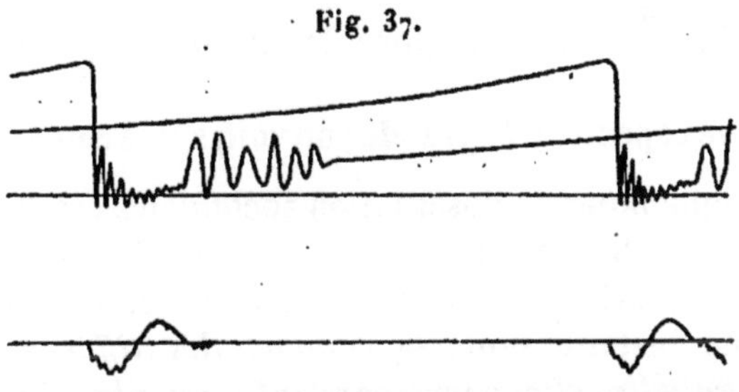

montre que celles-ci sont devenues immédiatement beaucoup plus rapides; le circuit primaire fait écran entre le secondaire et le noyau et celui-ci étant à peine aimanté, le coefficient de self-induction baisse beaucoup. La courbe $\dfrac{d\Phi}{dt}$ s'atténue beaucoup, bien qu'il existe des oscillations de grande amplitude dans les deux circuits; cet effet tient à ce que les oscillations présentent un retard de phase voisin de π entre les deux circuits et que les ampères-tours agissant sur le fer sont à peu près égaux et de signes contraires.

§ 14. **Effet de la décharge secondaire.** — Pour compléter l'étude des différents éléments du problème il faut envisager ce qui se passe lorsqu'une décharge se produit au secondaire. Toute décharge est une dépense d'énergie, on peut donc prévoir que les courbes du courant doivent présenter des points de rebroussement, aussi bien pour les étincelles primaires que pour les étincelles secondaires. L'observation à l'oscillographe vérifie bien cette prévision; généralement l'apparition de l'étincelle au secondaire a pour effet de supprimer les oscillations au primaire; c'est là, en plus

grand, ce que nous avons observé pour l'étincelle de rupture. Les figures 31 et 35 montrent la forme du courant primaire et de la variation du flux; dans la figure 35, la capacité
secondaire est négligeable, la courbe de rupture montre
deux points de rebroussement très nets, dus, très probablement, le premier à l'étincelle de rupture, le deuxième à la
décharge secondaire; la trace de ces deux points se retrouve
dans la courbe $\frac{d\Phi}{dt}$. Dans la figure 31, la même bobine est

fermée sur une capacité très grande; on voit, sur la courbe $\frac{d\Phi}{dt}$,
que le développement de l'oscillation secondaire est d'abord
arrêté par l'étincelle de rupture, puis par la décharge; les
deux étincelles, primaire et secondaire, ne se produisent
pas au même instant, donc *le rapport des différences de
potentiel auxquelles elles correspondent n'est plus égal au
coefficient de transformation*.

Ce dernier résultat montre que l'on ne peut pas se baser
absolument sur la détermination des potentiels explosifs
faite à l'aide de bobines d'induction, en tenant compte du
coefficient de transformation et de la mesure du potentiel
au primaire; il suffit que la capacité secondaire ne soit pas
négligeable et qu'il y ait des fuites magnétiques pour qu'il
se produise une différence de phase entre les deux courants
et pour que le rapport des deux différences de potentiel
varie sensiblement. On peut expliquer par cette cause
le résultat obtenu par Klingelfuss (**B.** n° 74), qui trouve
que le potentiel explosif au *secondaire* augmente, pour une
même distance, avec l'intensité primaire? Ce qui augmente
en réalité c'est le potentiel explosif au primaire, le seul
mesuré.

On peut montrer facilement (**B.** n° 84) que, pour *une
intensité primaire constante*, observée à l'oscillographe, la
différence de potentiel maximum observée au primaire,
également mesurée à l'oscillographe, *augmente* avec la
longueur de l'étincelle secondaire; c'est ce que montrent
les figures 38 à 41 qui correspondent à des distances explo-

sives de 5ᶜᵐ, 10ᶜᵐ, 20ᶜᵐ et 30ᶜᵐ. On voit que l'ordonnée
maximum de la courbe supérieure reste constante, tandis

Fig. 38.

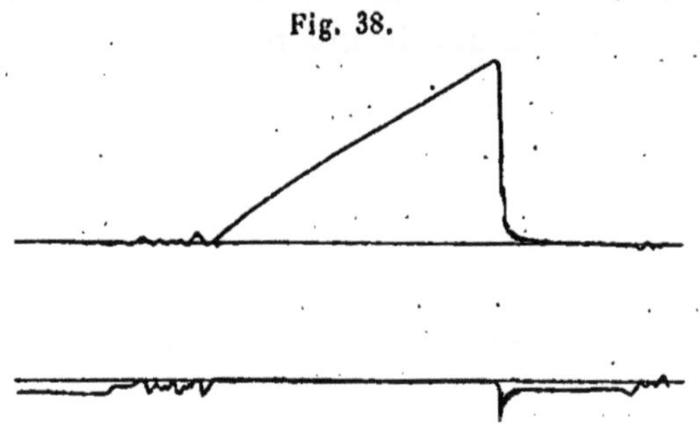

que la courbe inférieure, qui représente la différence de
potentiel aux bornes du primaire,

$$RI + L\frac{dI}{dt} + M\frac{di}{dt},$$

augmente avec la longueur d'étincelle. Les différences de
potentiel primaires, mesurées sur les clichés, sont 277, 330,

Fig. 39.

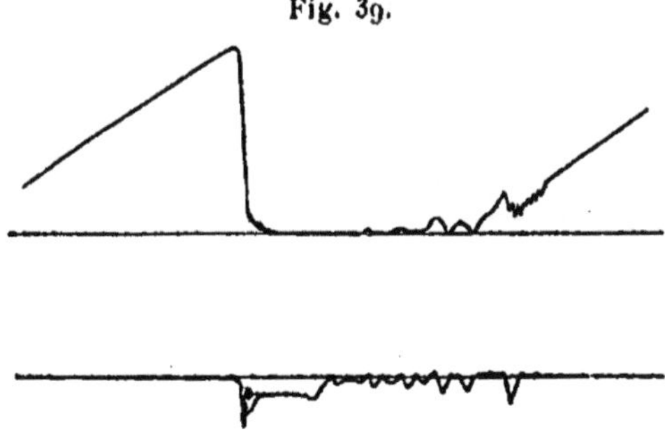

425 et 670 volts; le coefficient de transformation étant de
155, et *capacité secondaire négligeable*, on obtient, pour les
potentiels explosifs correspondants, entre pointe et plateau :
43000, 51000, 61000 et 103000 volts, ce qui, étant donné le
peu de précautions prises, rentre bien dans les valeurs

admises. L'expérience inverse peut être faite : laissant la longueur d'étincelle constante et faisant varier l'intensité maximum du courant, à l'aide d'un rhéostat intercalé dans le circuit, on constate que la différence de potentiel, aux

Fig. 40.

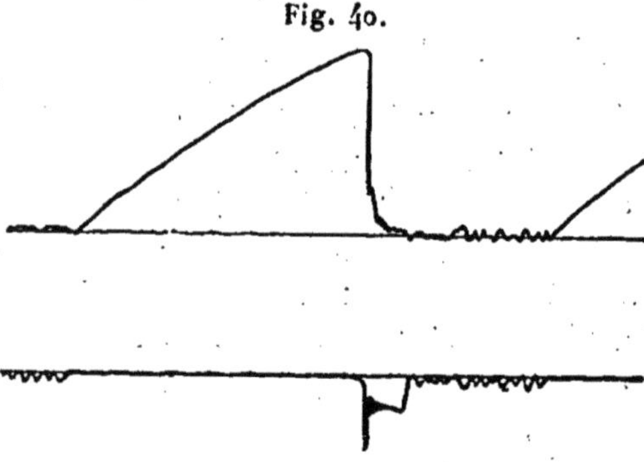

bornes du primaire, reste constante, quelle que soit l'intensité du courant, pourvu que l'étincelle éclate au secondaire ; le phénomène ne présente que les irrégularités dues au défaut de simultanéité des étincelles. Il faut retenir de ceci

Fig. 41.

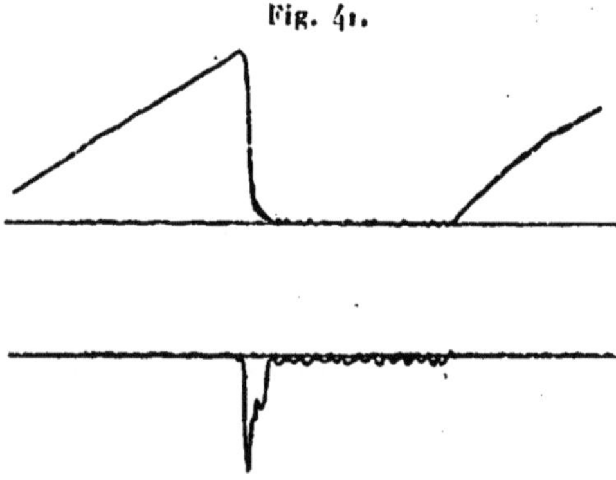

que *les différences de potentiel maxima,* atteintes dans les deux circuits, *sont limitées par les deux étincelles;* c'est pourquoi l'on observe parfois des ruptures d'isolant au primaire ou au condensateur, lorsque la bobine ne fournit pas d'étincelles au secondaire, et c'est aussi la cause de la diminution des étincelles à l'interrupteur lorsque la longueur de l'étincelle secondaire diminue.

Les figures 38 à 41 montrent encore un autre phénomène : la *durée* du courant secondaire est en raison inverse de la longueur d'étincelles, toujours pour un courant primaire constant ; cette durée explique la lenteur relative de la désaimantation du noyau de fer et fait comprendre certaines irrégularités des interrupteurs rapides. Lorsque le circuit secondaire est fermé sur lui-même, le retard de désaimantation peut être poussé assez loin pour faire qu'un interrupteur, donnant normalement une cinquantaine de ruptures par seconde, n'en donne plus que 2 ou 3 !

Les différents phénomènes que nous venons de passer en revue, étincelles, action du fer, capacité secondaire, compliquent singulièrement la théorie de la bobine et font qu'il est, jusqu'ici, à peu près impossible de demander à l'étude mathématique autre chose que des indications générales sur le rôle de chaque facteur pris isolément.

CHAPITRE IV.

THÉORIE. — INTERRUPTEURS ÉLECTROLYTIQUES.

§ 15. Données expérimentales. — La théorie des interrupteurs électrolytiques est encore moins connue que celle des interrupteurs mécaniques. Avant d'exposer ce que nous en connaissons, il est nécessaire de résumer ce que l'observation a fait voir sur le rôle des différents facteurs du phénomène.

Lorsque deux électrodes, de surfaces très inégales, sont plongées dans l'eau acidulée et reliées à une source d'électricité, on constate que, jusqu'à un certain voltage (35 ou 40 volts), l'électrolyte est simplement décomposé; au delà de ce voltage le phénomène change : l'électrode de petite surface devient incandescente, elle s'échauffe très fortement et peut même fondre si elle est reliée au pôle négatif (cathode); elle s'échauffe moins et présente une incandescence moins vive, elle émet une lumière rosée si elle est reliée au pôle positif (anode). Cette phase du phénomène est accompagnée d'un bruit particulier que Koch et Wüllner ont montré, en 1892, être dû à des interruptions de courant. M. Wehnelt (B. n° 44) a eu l'idée d'appliquer ce phénomène pour produire l'interruption du courant dans les bobines; il employait comme anode un fil de platine, et comme cathode une lame de plomb (*fig.* 42). Quelque temps après, M. Simon, en Allemagne (**B.** n° 59), et M. Caldwell, en Angleterre (**B.** n° 61), rendaient l'interrupteur symétrique par la suppression de l'anode de petite surface. L'interrupteur se réduit à deux électrodes de

gránde surface plongées dans deux vases ne communiquant
entre eux que par l'intermédiaire d'un petit trou T (*fig.* 43).

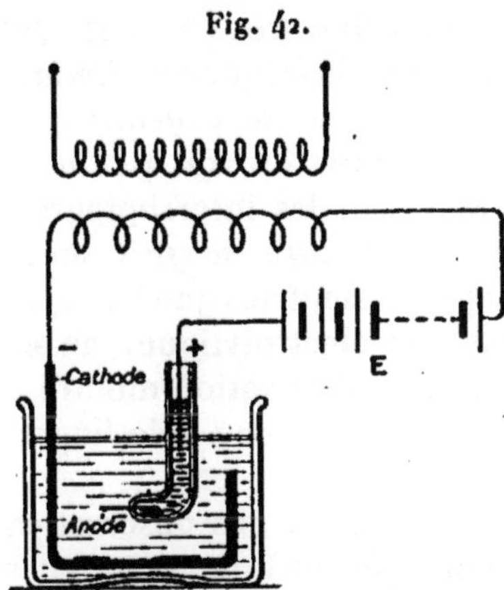

Fig. 42.

Les expériences faites avec l'interrupteur Wehnelt ont
montré que la *fréquence* des interruptions, dont on peut
avoir une première idée par le son émis par l'interrupteur

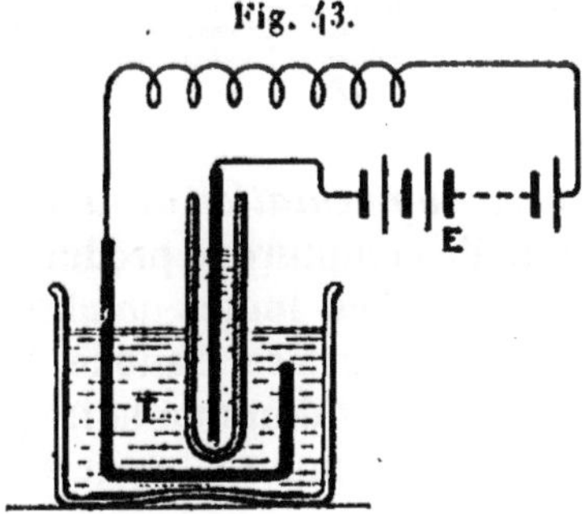

Fig. 43.

lui-même, ou par le bruit des étincelles, augmente avec le
voltage de la source de courant. La *fréquence* dépend aussi
du sens du courant ; elle est plus grande quand la petite
électrode (électrode active) est anode, que quand elle est
cathode. Toutes choses égales d'ailleurs, la *fréquence*
varie en *raison inverse* de la *résistance du circuit*, de sa

self-induction et de la *surface de l'électrode active*. La présence du courant secondaire modifie aussi la fréquence, qui *augmente* lorsque le circuit secondaire est fermé, ou lorsqu'il fournit des étincelles très chaudes. Quand la *température* du liquide *s'élève*, la fréquence *diminue*.

Lorsqu'on observe la *forme du courant* qui passe dans un interrupteur électrolytique, on voit qu'elle ne ressemble pas à celle du courant dans les interrupteurs mécaniques avec condensateur ; *la rupture se fait sans oscillations* (B. n° 56) ; celles-ci apparaissent dès que l'on ajoute, en dérivation sur l'interrupteur électrolytique, un condensateur ordinaire de bobine. Cette observation montre que la capacité de polarisation ne joue aucun rôle important dans le phénomène.

La figure 44 indique, d'après des observations au rhéographe, la variation de la forme du courant quand les diffé-

Fig. 44.

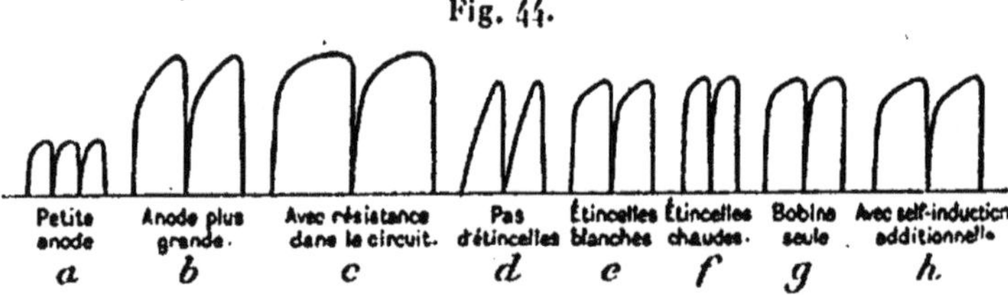

rents facteurs varient. L'*augmentation de surface* de l'anode élève l'intensité à laquelle la rupture se produit, et, en même temps, les ruptures deviennent moins nombreuses [*a* et *b* (*fig.* 44)]. Pour une même surface d'anode, l'introduction d'une *résistance dans le circuit* diminue la fréquence, mais ne change pas l'intensité maximum I_0, pourvu que la résistance totale soit inférieure à $\dfrac{E}{I_0}$, [*b* et *c* (*fig.* 44)]. L'introduction d'une *self-induction* dans le circuit agit à peu près comme l'augmentation de résistance ; elle diminue la fréquence, et la forme du sommet de la courbe est un peu différente (*g* et *h*). Enfin, le *temps perdu* entre une rupture de courant et la fermeture suivante est tellement court que

le courant secondaire, lorsque l'étincelle éclate, facilite
l'établissement du courant primaire. Sans étincelle au
secondaire, on voit le courant s'établir suivant une loi à peu
près continue (d); avec des étincelles blanches, c'est-à-dire
avec une intensité secondaire assez faible, le courant primaire augmente d'abord assez vite, puis ensuite plus lénte-
ment (e); enfin, si les étincelles sont très chaudes, ou si le
secondaire est fermé en court-circuit, l'établissement est si
rapide que l'intensité de rupture est atteinte très vite, et
que la fréquence des interruptions augmente (f). L'effet du
courant secondaire est si marqué que l'on observe souvent
une variation périodique du son lorsque l'étincelle est assez
chaude pour se souffler elle-même par le courant d'air
qu'elle provoque; la note émise s'abaisse notablement
chaque fois que l'étincelle chaude est brisée et fait place à

Fig. 45.

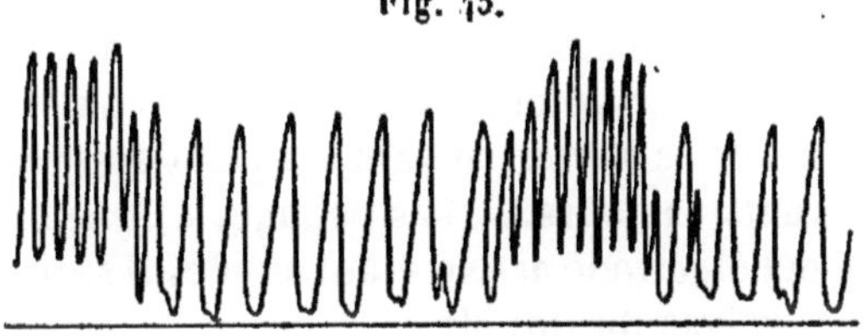

l'étincelle blanche; c'est ce phénomène qui a été photo-
graphié à l'oscillographe (*fig.* 45) (**B.** nº 84).

Un fait très intéressant est visible sur cette photographie :
c'est que *le courant n'est pas toujours rompu;* on voit, en
effet, que l'intensité tombe d'autant moins à zéro que la fré-

Fig. 46.

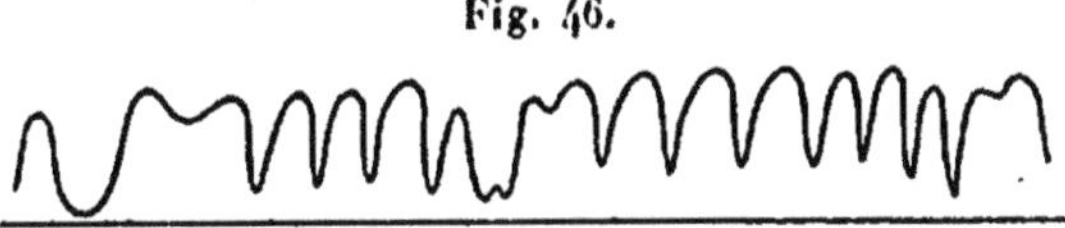

quence est plus grande. La forme très aiguë des sommets
des courbes, dans cette figure, est due à la très faible résistance du circuit. La figure 46 montre l'effet d'une résistance

ajoutée ; la forme de la courbe se rapproche ici des formes signalées plus haut ; la fréquence est environ 330.

L'intensité moyenne du courant est liée directement à la surface de l'électrode active ; elle est à peu près indépendante du voltage de la source, de la résistance du circuit et de sa self-induction. On peut admettre avec Wehnelt (**B. n° 44**) que la *densité de courant* est de 0,4 ampère par millimètre carré de surface d'anode.

Deux causes agissent sur l'intensité moyenne : la *température* du liquide et l'*intensité de courant secondaire*. Quand la température s'élève, l'intensité moyenne baisse ; vers 90° il faut une surface d'anode quatre ou cinq fois plus grande pour obtenir la même intensité moyenne. L'effet du courant secondaire est double ; il agit à la fois sur la *forme* du courant et sur l'*intensité maximum* (*fig.* 45).

§ 16. Phases du phénomène. — Les phénomènes qui se produisent dans l'interrupteur Wehnelt sont complexes ; on peut distinguer trois *phases,* suivant les grandeurs respectives des différents facteurs. A bas voltage, à la température ambiante et l'électrode active étant anode, il se produit une simple électrolyse du liquide.

En augmentant E, les interruptions commencent à se produire, le dégagement des bulles à l'anode est plus violent ; l'intensité augmente. Plus E s'élève, plus le phénomène se précise ; la fréquence augmente.

Au delà d'une certaine valeur, le phénomène change : le platine rougit et l'intensité *baisse;* il ne se produit plus d'interruption. Quand cette limite est atteinte, on peut faire reparaître la deuxième phase en augmentant la self-induction du circuit (**B. n° 64**).

M. Bary a étudié les limites des phases en faisant varier la self-induction et le voltage ; les résultats qu'il a donnés (**B. n° 51**) sont résumés dans la figure 47. Les *logarithmes* des coefficients de self-induction ont été portés en ordonnées, et les voltages en abscisses ; les trois phénomènes sont représentés par des points différents, et la ligne brisée en

traits épais indique la limite observée entre le phénomène
de Wehnelt (2ᵉ phase) et les deux autres. On peut remplacer cette ligne brisée par une courbe continue qui représente approximativement la forme probable de cette limite.
Les trois phases sont assez nettement délimitées sur la

Fig. 47.

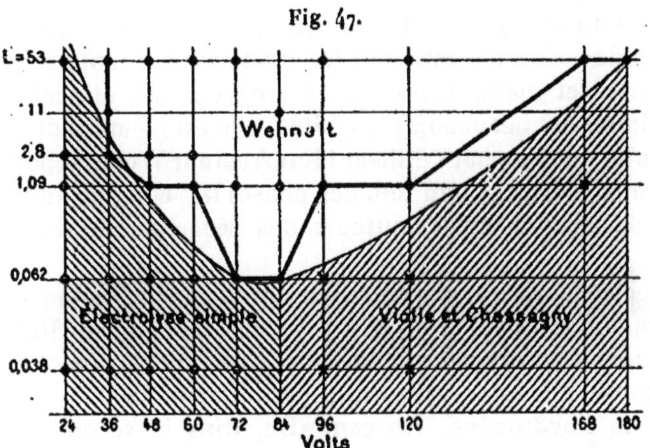

figure, et l'on comprend facilement l'expérience de M. Corbino (**B.** nᵒ 64), qui ramène la seconde phase par la seule
introduction d'un faisceau de fils de fer dans l'intérieur
d'un solénoïde parcouru par le courant.

La *température de l'électrolyte* joue un rôle important
dans les phases ci-dessus ; quand elle s'élève, les limites
des phases s'abaissent. A la température ambiante on
obtient la seconde phase, la seule intéressante pour les
bobines, entre 30 ou 40 volts et 150 volts, selon la self-
induction. Quand l'électrolyte atteint 90°, on commence à
obtenir des interruptions à 10 ou 12 volts, mais il est impossible de fonctionner régulièrement à 100 volts. A l'ébullition, qui se produit au delà de 102° pour l'acide sulfurique
dilué, le phénomène devient irrégulier, presque impossible
à maintenir au delà de 30 à 40 volts.

L'influence de la *pression* est également très sensible.
Quand la pression est très faible, les interruptions se ralen-

tissent et peuvent cesser (**B.** n° 52) ; sous 60^mm de mercure, le *temps perdu* augmente ; au contraire, au-dessus de la pression atmosphérique (2^kg par centimètre carré, par exemple), il n'y a plus de temps perdu. Pour une pression très élevée, le phénomène cesse, comme pour une pression trop faible.

Quand on *change* le sens du courant, c'est-à-dire quand l'électrode active est cathode, les interruptions sont moins fréquentes et *moins brusques,* la longueur des étincelles secondaires est beaucoup plus faible, elle est même réduite à ce point que l'on peut utiliser l'interrupteur Wehnelt pour supprimer pratiquement une des phases du courant alternatif, de façon à avoir toujours des décharges de même sens.

L'électrode active, observée au spectroscope, donne un spectre différent, selon qu'elle est anode ou cathode. Dans le premier cas (anode), la lumière rosée qu'elle émet se décompose en raies brillantes, parmi lesquelles domine celles de l'hydrogène. Au contraire, dans le second cas (cathode), la lumière est plus vive et plus blanche, il y a incandescence du platine, le spectre est continu ; la température est réellement plus élevée, puisque le platine fond souvent.

§ 17. Éléments de la théorie. — Les données expérimentales précédentes permettent de se faire une idée approximative du phénomène. Il existe, entre le liquide et l'électrode active, une résistance relativement considérable ; le courant produit en ce point un dégagement de chaleur suffisant pour vaporiser la couche de liquide ; la vapeur arrive bientôt à former une gaine isolante autour de l'électrode : le courant est rompu. A ce moment, la variation rapide du courant développe une force électromotrice de self-induction assez élevée pour provoquer une étincelle dans la couche de vapeur ; c'est cette étincelle qui donne la couleur rosée à la lumière émise par l'anode ; quand la self-induction est trop faible, la couleur rosée disparaît. La

gaine de vapeur étant détruite, par un processus encore
mal connu, le liquide revient au contact de l'électrode et
le courant se rétablit.

La nature de la résistance entre l'anode et l'électrolyte est
inconnue. M. Gagnière (B. n° 89) l'attribue au dégagement
des bulles gazeuses produites par l'électrolyse du liquide. Si
l'on suppose ce dégagement uniforme, l'électrode est envi-
ronnée par une couche de petites bulles égales, de sorte
qu'une surface concentrique à l'électrode coupe ces bulles
par leur grand diamètre; sur cette surface la section conductrice est évidemment très réduite, l'électrolyte s'échauffe là
plus que dans les autres points et produit la vaporisation.
Dans cette hypothèse la rupture du circuit aurait lieu entre
deux couches liquides et non pas au contact du liquide et de
l'anode, le platine ne participerait pas au phénomène lumineux et sa température ne dépasserait pas celle du liquide
bouillant. Cette hypothèse n'explique pas la dissymétrie de
l'interrupteur Wehnelt et elle conduit à ce résultat que la
densité du courant pour laquelle se produit la rupture doit
varier avec le diamètre du fil de platine, puisque le phénomène se développe dans une couche concentrique à celui-ci
et, par conséquent, de plus grand diamètre. Il faudrait
vérifier cette déduction qui est contraire à tout ce que nous
savons jusqu'ici.

La résistance X intercalée entre l'électrode et l'électrolyte
est variable; elle est fonction de la surface S de l'électrode,
de l'intensité I, de la température θ et du temps t,

$$(1) \qquad X = f\left(\frac{I,\, t,\, \theta}{S}\right),$$

de sorte que l'intensité primaire est, à chaque instant,

$$(2) \qquad I = \frac{E - L\frac{dI}{dt} - M\frac{di}{dt}}{R + X},$$

R étant la résistance de la partie constante du circuit.

Pour que la vapeur se forme il faut une certaine quantité de chaleur correspondant à l'énergie

$$(3) \qquad W_X = \int_0^{t_1} X I^2\, dt;$$

le temps t_1 au bout duquel se produit la rupture dépend donc de la variable X; or, il est difficile actuellement de dire comment varie X avant la rupture; on a, en négligeant la réaction du secondaire,

$$(4) \qquad X = \frac{E - L\dfrac{dI}{dt}}{I} - R;$$

l'examen des courbes de courant montre que X semble tantôt augmenter, tantôt diminuer, en fonction du temps; il est donc difficile de calculer I et $\dfrac{dI}{dt}$.

La difficulté augmente encore après t_1; en effet, la variation est si rapide qu'il est impossible de tirer des courbes des oscillographes une indication un peu certaine sur la variation de X.

Nous pouvons, à défaut d'indications plus précises, tirer des équations quelques renseignements intéressants. En faisant abstraction de la réaction du courant secondaire, nous voyons que la force électromotrice développée dans le circuit,

$$(5) \qquad - M\frac{dI}{dt} = \frac{-M}{L}[E - (X + R)I],$$

est proportionnelle au coefficient de transformation de la bobine, donc il y a avantage, dans certaines limites bien entendu, à *diminuer* le nombre de tours du primaire; c'est ce que l'expérience vérifie. Au contraire, la diminution de L, en agissant sur le noyau de fer, est inutile, car M diminue en même temps que L et le rapport ne change pas.

Nous avons vu que le temps perdu est très faible dans les interrupteurs électrolytiques. M. Simon (**B.** n° 58) le considère comme constant; il admet également la résistance X comme constante et il calcule le temps qu'il faut pour obtenir la quantité de chaleur nécessaire à la formation de la gaine de vapeur. Ce calcul le conduit à donner, pour le temps T d'une période complète de l'interrupteur, la valeur suivante

$$(6) \qquad T = A + \frac{B}{E^2}.$$

Cette formule, qui a été vérifiée par Ruhmer (**B.** n° 63), a été combattue par d'autres; elle ne semble pas susceptible d'une application générale, ce qui se comprend puisque l'oscillographe montre que la résistance X est variable et rarement semblable à elle-même dans les interruptions successives. Il faut d'ailleurs se rappeler que E doit varier dans des limites assez étroites pour que le phénomène reste dans la deuxième phase.

De l'équation (2) nous pouvons tirer

$$(7) \qquad \frac{dI}{dt} = \frac{E - (X + R)I}{L} - \frac{M}{L}\frac{di}{dt},$$

ce qui montre l'influence du courant secondaire i sur l'établissement du courant primaire; si i est à ce moment dans la période décroissante, le facteur $\frac{M}{L}\frac{di}{dt}$ est de même signe que E, par conséquent $\frac{dI}{dt}$ est plus grand que si E était seul.

Il existe une différence très importante entre le fonctionnement des interrupteurs électrolytiques et celui des interrupteurs mécaniques : au moment où l'intensité primaire s'annule, l'énergie totale tombe à zéro dans les interrupteurs électrolytiques, puisqu'il n'y a pas de capacité primaire pour l'emmagasiner; il ne peut donc pas y avoir d'étincelles à ce moment, à moins que la capacité du secondaire soit suffisante pour accumuler une partie de l'énergie.

Le rendement de l'interrupteur Wehnelt est très faible, car il se produit un échauffement considérable dans l'électrolyte; il n'est pas rare de trouver plus de 80 pour 100 de l'énergie dépensée, sous forme de chaleur, dans l'interrupteur lui-même.

Tout ce que nous venons de dire s'applique aussi bien à l'interrupteur Simon qu'au Wehnelt; X représente alors la résistance du conducteur liquide qui réunit les deux vases. Il est possible que cette résistance soit plus constante que dans le Wehnelt, par suite, la formule de Simon (6) est peut-être plus applicable.

Dans le fonctionnement normal de l'interrupteur Wehnelt, la gaine de vapeur étant formée, quelle cause intervient pour la faire disparaître brusquement? Les uns (B. n° 66) admettent que l'étincelle d'extra-courant enflamme le mélange explosif formé à l'anode et que l'explosion chasse violemment la vapeur. On peut faire à cette hypothèse l'objection suivante : on recueille toujours à l'anode et à la cathode le gaz dégagé par l'électrolyte; il y a même plus, le gaz recueilli à l'anode est un mélange explosif d'hydrogène et d'oxygène; il est donc bien extraordinaire que ce mélange ait pu échapper à l'inflammation. Le liquide semble jouer, vis-à-vis de la gaine, le rôle de cathode; la vapeur et le liquide paraissent se comporter comme deux voltamètres en série. Le volume des gaz recueillis à l'anode est, d'après M. Walter, deux fois et demi plus grand que ne l'indique la loi de Faraday.

Certains auteurs admettent la condensation sur place de la vapeur formée? d'autres admettent que le volume de gaz et de vapeur dégagé est assez considérable pour expliquer les mouvements tumultueux du liquide qui facilitent le rétablissement du contact. L'observation directe montre un courant de grosses bulles venant crever à la surface du liquide. M. Wehnelt a observé, au miroir tournant, la formation relativement lente de la gaine gazeuse puis sa résolution en petites bulles interrompant le courant. M. Child (B. n° 62) fait observer que la différence de potentiel élevée, qui existe entre les points de rupture, soumet la gaine gazeuse à une pression électrostatique considérable qui peut faciliter l'expulsion de la vapeur. Enfin, M. Gagnière (B. n° 89) attribue le retour à l'état initial à la variation de pression à l'intérieur des bulles et à la tension superficielle du liquide.

Un phénomène très curieux se produit dans l'interrupteur Simon : lorsqu'une des électrodes est placée dans un tube percé et celui-ci plongé dans un vase contenant la seconde électrode, on constate que le fonctionnement de l'appareil a pour effet de faire monter ou descendre le liquide dans le tube. Le phénomène paraît être causé par la facilité plus ou moins grande que les bulles de gaz et de vapeur éprouvent à se dégager d'un côté ou de l'autre; il atteint dans certains cas une importance considérable, puisqu'on a pu obtenir une dénivellation de près de 1^m.

§ 18. Interrupteurs électrolytiques sur courant alternatif. — Avec les courants alternatifs les interrupteurs Wehnelt donnent des interruptions inégales, comme il est facile de le comprendre par ce que nous savons de leurs propriétés. MM. Kallir et Eichberg (B. n° 54), qui ont étudié le fonctionnement de l'interrupteur Wehnelt dans ce cas, ont observé que les décharges ne commençaient qu'à partir du moment où la phase positive avait atteint une certaine valeur et qu'à partir de cet instant elles se rapprochaient de plus en plus jusqu'au maximum de E, pour s'espacer ensuite et disparaître. Avec la phase négative, même phénomène mais avec des étincelles secondaires extrêmement courtes.

On peut vérifier très facilement cette expérience à l'oscillographe (B. n° 84), en ayant soin de choisir une self-induction assez faible pour avoir des interruptions nombreuses dans chaque phase. La figure 48 montre bien la différence entre la phase positive et la phase négative; la fréquence dans celle-ci est moindre. On voit aussi que les interruptions sont plus rapprochées au milieu de chaque phase.

La différence entre les deux phases disparaît avec l'interrupteur Simon qui est parfaitement symétrique; les étin-

Fig. 48.

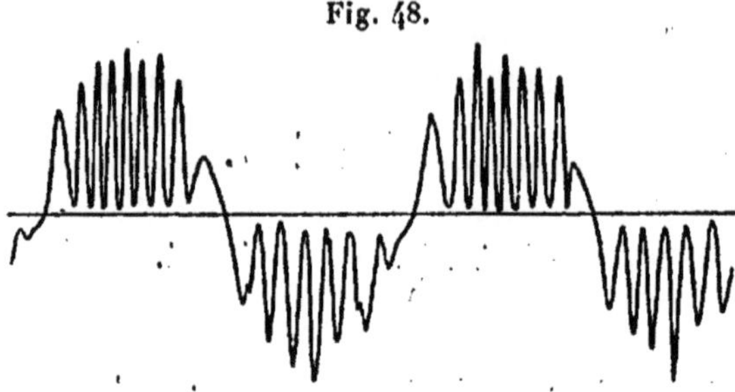

celles obtenues sont égales dans les deux phases, mais de signe contraire.

Quand on se sert du Wehnelt pour supprimer la phase négative du courant alternatif, on provoque souvent la fusion de l'électrode active, car nous savons que la pointe de platine employée comme cathode chauffe considérablement.

CHAPITRE V.

COURANT SECONDAIRE.

§ 19. Potentiels explosifs. — Pour qu'une étincelle
éclate entre deux conducteurs métalliques séparés, il faut
qu'il existe entre eux une certaine différence de potentiel
qui dépend à la fois de leur *distance,* de la *forme* et de la

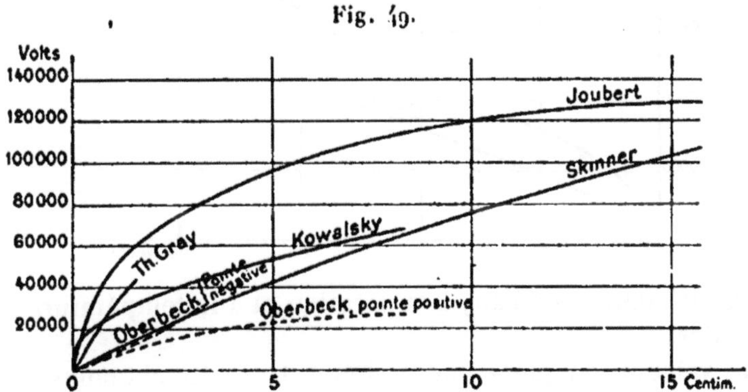

Fig. 49.

nature des conducteurs, de la *nature* et de l'*état du milieu*
dans lequel doit éclater l'étincelle. Cette différence de potentiel, que l'on appelle souvent, par abréviation, le *potentiel explosif,* a été déterminée, par divers physiciens, dans
des conditions variées, et les résultats obtenus, qui sont très
différents de l'un à l'autre, ne doivent être considérés que
comme des indications sur l'ordre de grandeur des forces
électromotrices à mettre en jeu.

Tous les corps opposent au passage de l'étincelle une

certaine résistance qui varie avec leur épaisseur; on donne souvent le nom de *rigidité diélectrique* au potentiel explosif nécessaire pour percer une épaisseur de 1^{cm} du corps considéré. La relation entre le potentiel explosif et l'épaisseur n'est pas constante; la rigidité diélectrique *diminue* quand l'épaisseur *augmente*.

Les figures 49 et 5o résument les valeurs des potentiels explosifs données par plusieurs physiciens, quand les étin-

Fig. 5o.

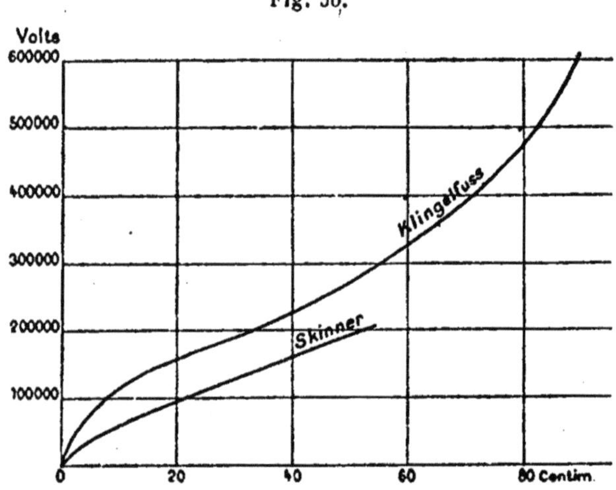

celles éclatent dans l'air, à la pression et à la température normales.

Les valeurs indiquées par M. Joubert ont été obtenues à l'aide de machines statiques chargeant des condensateurs; les étincelles éclataient entre des boules de laiton de 22^{mm} de diamètre.

M. Th. Gray (**B.** n° 37), qui a fait de nombreuses expériences pour mesurer la rigidité diélectrique des divers isolants, mesure les étincelles dans l'air, entre deux plateaux.

M. C.-E. Skinner (**B.** n° 38) mesure les potentiels explosifs entre des pointes d'aiguilles; le courant est fourni par des transformateurs à courant alternatif capables de donner jusqu'à 2ooooo volts. Les chiffres donnés par cet auteur indiquent les différences de potentiel *efficaces*; le courant étant supposé sinusoïdal; afin de rendre ces résultats comparables aux précédents, les courbes correspondantes des figures 49 et 5o expriment les valeurs de M. Skinner multipliées par $\sqrt{2}$.

Le physicien allemand Oberbeck (**B.** n° 40) a fait des mesures entre pointe et plateau et il constate le fait bien connu qu'il faut un potentiel plus élevé lorsque la pointe est négative que lorsqu'elle est positive.

M. Klingelfuss (**B.** n° 74) a mesuré directement les potentiels explosifs en se servant de la bobine d'induction; il a pris comme électrodes un plateau négatif et une pointe positive; nous avons vu précédemment pourquoi ses résultats doivent être considérés comme des limites supérieures.

Enfin, dans les nombreuses déterminations faites, nous retiendrons encore celles, toutes récentes, de M. de Kowalski (**B.** n° 87), qui a mesuré les potentiels explosifs entre une boule de laiton de 2^{cm} et un plateau de même métal de $15^{cm},8$ de diamètre. Cette détermination a été faite à l'aide de dynamos à courant continu chargeant des condensateurs; dans ces conditions, la différence de potentiel est mesurée très sûrement à l'aide de voltmètres électromagnétiques ordinaires.

Les figures 49 et 5o montrent bien que, abstraction faite des résultats de Klingelfuss, le potentiel explosif croît moins vite que la distance; c'est un fait qu'il faut se rappeler, car on peut en tirer la conclusion que, dès que la courbe des intensités maxima en fonction des longueurs d'étincelles (voir *fig.* 17) montre un point d'inflexion, la bobine ou l'interrupteur ont des anomalies dans le fonctionnement.

M. C. Baur (**B.** n° 86) donne, pour les longueurs d'étincelles moyennes, la relation

$$V = cd^{\frac{2}{3}},$$

d étant la distance explosive qui correspond au potentiel V et c étant une constante. Cette formule correspond bien à l'allure générale des courbes.

En réalité, l'étincelle n'est pas un phénomène de nature tellement bien définie qu'il faille attacher un sens absolu aux valeurs indiquées dans les courbes ci-dessus; les divergences qu'elles présentent entre elles sont d'ailleurs une des meilleures preuves des restrictions qu'il faut faire sur ce sujet.

La pression des gaz a une grande influence sur les étincelles. Le potentiel explosif diminue avec la pression jusqu'à une certaine valeur, quelques millimètres pour l'air, ensuite il augmente rapidement et devient très considérable dans le vide le plus parfait que l'on obtient en pratique. Au-dessus de la pression atmosphérique, le potentiel explosif croît. Dans les deux cas, au-dessus et au-dessous de la pression normale, *la nature de l'étincelle change.*

§ 20. **Étincelles.** — Pour obtenir la plus grande longueur d'étincelles possible avec un potentiel donné, il faut employer comme électrodes une pointe positive et un plateau négatif; dans ces conditions, les étincelles se dirigent franchement vers le centre du plateau, ou à peu près (*fig.* 51, A).

Fig. 51.

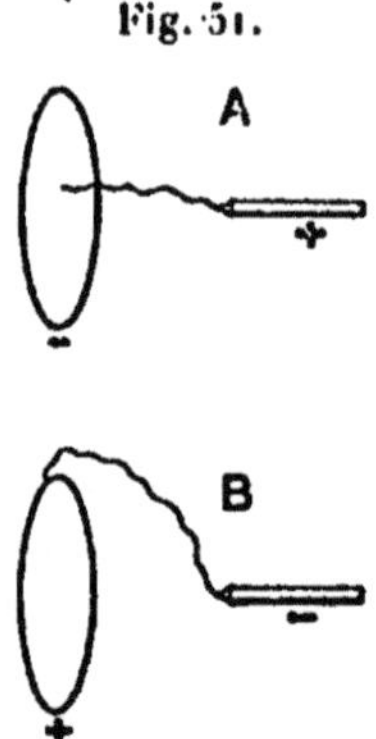

L'étincelle peut être blanche et bruyante, ou plus ou moins jaunâtre, épaisse et silencieuse; on constate toujours, au contact du plateau, la présence d'un trait plus blanc et plus lumineux dû aux vapeurs du métal. Lorsque, au contraire, on fait la pointe négative et le plateau positif, il faut un potentiel beaucoup plus élevé et les étincelles, au lieu d'éclater entre la pointe et le milieu du plateau, partent des bords de ce dernier (*fig.* 51, B). Cette différence est très caractéristique ; elle fournit un des meilleurs moyens de reconnaître le sens de la décharge d'une bobine d'induction.

Quand la distance entre la pointe et le plateau est beaucoup plus petite que celle que permet d'obtenir la bobine, l'étincelle est épaisse et silencieuse et la différence entre les deux sens de décharge disparaît presque complètement, de sorte que, pour reconnaître le sens du courant, il faut écarter le plus possible la pointe et le plateau.

Lorsque les étincelles sont fournies par une source d'électricité de puissance suffisante, elles sont franches, elles éclatent avec un bruit sec caractéristique, à moins que le voltage soit beaucoup plus élevé que celui qui est nécessaire, auquel cas les étincelles se rapprochent de l'arc. Mais si la source est trop faible, les électrodes, chargées lentement au même potentiel que précédemment, se déchargent d'une manière continue par des aigrettes silencieuses et à peine visibles, de sorte que l'on peut croire que le potentiel explosif n'est pas encore atteint. Si, sans rien changer au dispositif, on augmente graduellement la force électromotrice de la source, on voit les aigrettes augmenter d'intensité et les étincelles apparaissent sans qu'il y ait de transition brusque entre les deux phénomènes. C'est à cette indécision qu'est due en grande partie la différence des résultats indiqués sur les potentiels explosifs.

Quand on emploie comme source d'électricité un condensateur chargé à un potentiel élevé par une dynamo ou une pile de voltage approprié, on voit, dès que le potentiel explosif est atteint, éclater une première étincelle ; celle-ci échauffe l'air sur son passage et réduit ainsi la résistance ; une seconde étincelle éclate alors, suivie d'autres à des intervalles qui vont en se rapprochant jusqu'à une certaine limite qui correspond au moment où l'air, suffisamment échauffé, se renouvelle de lui-même et rend la résistance constante. Si, à voltage constant, on augmente la puissance disponible, par exemple en réduisant la résistance qui relie la source à l'excitateur, on voit les étincelles devenir de plus en plus fréquentes, jusqu'au moment où le circuit se ferme directement par la gaine d'air chaud ; il se forme alors une sorte d'arc, de résistance relativement faible mais finie (**B.** n°ˢ 60 et 87). Tout ce qui contribue à détruire la gaine d'air chaud, soufflage par l'air ou soufflage magnétique, ramène les étincelles séparées.

Dans la succession d'étincelles que nous venons de décrire, les premières sont blanches, grêles, droites ou composées de lignes droites ; leur son est strident. Quand l'air échauffé facilite le passage, la couleur change, l'étincelle devient jaune ou rougeâtre ; son bruit s'adoucit. Enfin, quand l'arc s'allume, on observe une sorte de chenille, plus ou moins grosse selon l'intensité du courant, complètement silencieuse si le courant est continu ou produisant un bruit en rapport avec la fréquence si le courant est alternatif.

En résumé, ce qu'il faut retenir de tout ce qui précède, car nous allons en faire l'application aux étincelles des bobines, c'est que toute décharge spontanée entre deux conducteurs commence toujours par une ou plusieurs étincelles séparées, puis l'aspect se modifie plus ou moins, selon la puissance de la source.

Pour être complet, il faut même ajouter qu'avant la première étincelle il se produit des aigrettes, c'est-à-dire des tentatives d'étincelles, qui s'effacent devant le phénomène plus brillant de l'étincelle elle-même, mais que l'on peut observer par la photographie, comme l'a fait M. Walter (**B.** n° 57).

Puisque l'étincelle ne peut éclater spontanément que pour un certain potentiel, on peut, *lorsque la capacité secondaire est petite*, négliger l'action de ce circuit jusqu'au moment où les étincelles ou les aigrettes apparaissent, ce qui justifie la théorie élémentaire exposée au Chapitre III.

§ 21. Schéma de la décharge par étincelles. — Prenons une bobine de moyennes dimensions, munie d'un interrupteur à faible fréquence, de façon à bien séparer les décharges successives, et excitons-la avec un courant d'intensité convenable. Si les pôles de l'excitateur sont trop éloignés, aucune étincelle ne se produit, mais, dans l'obscurité, on voit des aigrettes violettes jaillir de toutes les aspérités de l'excitateur et des conducteurs qui le relient à la bobine; le spectacle est parfois fort beau. En rapprochant peu à peu les électrodes de l'excitateur, on voit apparaître des étincelles d'abord blanches, grêles, bruyantes, rarement droites, plus souvent sinueuses, à angles aigus. En rapprochant encore, les étincelles deviennent plus nourries, plus bruyantes. Si l'on continue à réduire la distance, les étincelles paraissent plus *épaisses*, moins bruyantes; elles tournent au jaune ou au rouge, en conservant une sorte de noyau blanc plus lumineux que le reste de l'étincelle. Enfin, pour une distance très courte, chaque décharge donne une étincelle très large, au bruit sourd, une sorte de *flamme* jaune clair dont le centre est seulement un peu plus vif; cette étincelle est très chaude; elle enflamme instantanément le papier, elle est constamment déviée en haut par le mouvement de l'air qu'elle échauffe.

Dans certaines bobines, les étincelles ne prennent jamais la couleur jaune, elles restent toujours blanches et brillantes, tout en augmentant d'éclat quand la distance diminue; ce sont de véritables étincelles condensées, dues à la capacité relativement considérable du secondaire.

Nous aurions également la même succession de phénomènes en mettant les électrodes de l'excitateur à une distance assez faible et invariable et en augmentant graduellement l'intensité du courant.

Les schémas de la figure 52 vont nous aider à comprendre comment les choses peuvent se passer. La première demi-oscillation de la force électromotrice secondaire ε atteint d'abord juste le potentiel explosif V, une seule étincelle éclate (*fig.* 52, A); faute de données sur la durée des étin-

celles, nous les représentons ici par de simples traits. La
distance étant diminuée (*fig.* 5a, B), dès que ε atteint V_0
une étincelle éclate, les conducteurs se déchargent, mais,
la bobine continuant à fournir de l'énergie, le potentiel
remonte, une nouvelle étincelle se produit, suivie de plusieurs autres, jusqu'au moment où la force électromotrice
n'est plus assez élevée pour amener les conducteurs au

Fig. 5a.

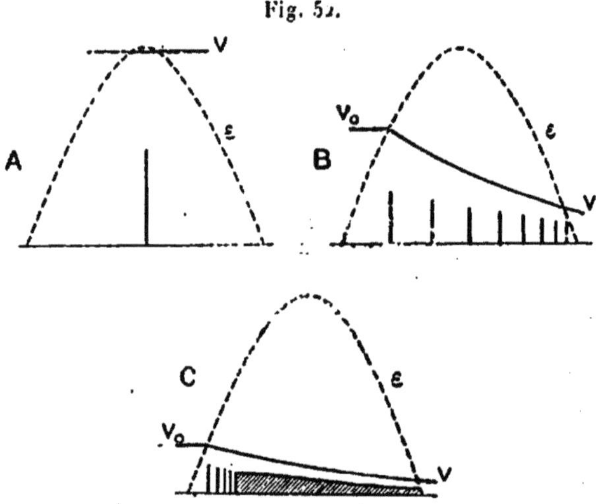

potentiel explosif V. Comment se succèdent les étincelles ?
La première a échauffé l'air de sorte que la suivante rencontre une moindre résistance et ainsi de suite ; il en
résulte que le potentiel explosif va en diminuant de V_0 à V
et que les étincelles se succèdent à des intervalles de plus
en plus rapprochés. M. Abraham (**B.** n° 60) a observé des
phénomènes analogues dans la décharge des condensateurs
chargés par un courant alternatif. Il est évident que dans
la partie descendante de la courbe ε les étincelles peuvent
diminuer de fréquence à cause de la diminution de la force
électromotrice. C'est l'ensemble de ces étincelles qui se
traduit, pour l'œil, par une étincelle plus nourrie.

Lorsque la distance diminue encore, le potentiel explosif

initial V_0 s'abaisse (*fig.* 52, C) et les étincelles se succèdent alors plus rapidement; l'échauffement de l'air est plus considérable, de sorte que la différence de potentiel entre les conducteurs est suffisante pour maintenir le courant, un arc s'allume et l'on obtient un phénomène qui peut être représenté schématiquement par la partie hachée de la courbe C. Dans ce cas, les étincelles partielles du début produisent le noyau blanc des étincelles chaudes.

Nous ne saurions trop insister sur le côté conventionnel de la représentation schématique de la figure 52. Chacune des étincelles figurée par un trait peut être un phénomène très complexe; elle peut correspondre à un très grand nombre d'oscillations ou à des décharges répétées de même sens, mais la durée totale de la décharge est si petite, par par rapport à l'onde de force électromotrice ε, qu'il est impossible de représenter les deux phénomènes à la même échelle.

§ 22. **Propriétés des étincelles.** — Bien que, comme nous l'avons dit précédemment, les étincelles ne diffèrent pas entre elles d'une manière absolument marquée, il y a, à chaque phase établie, des propriétés caractéristiques. L'étincelle blanche, observée au spectroscope, donne toujours les raies des métaux entre lesquels elle éclate. Quand la longueur de l'étincelle est grande, on ne voit souvent la partie blanche que dans le voisinage du pôle négatif, et là seulement on retrouve les raies métalliques; dans le reste de l'espace, comme dans toutes les étincelles chaudes, de couleur jaune ou rougeâtre, on observe un spectre cannelé, comme celui des gaz.

Les expériences de M. Hemsalech ont montré que dans la décharge d'un *condensateur,* chargé par une bobine d'induction, on obtient presque toujours à chaque décharge plusieurs étincelles, oscillantes ou intermittentes, et que la première étincelle, rectiligne et très brillante, est due à l'incandescence de l'air, les vapeurs métalliques venant seulement ensuite remplir la gaine d'air échauffé. Il semble

que, sans condensateur et pour de grandes longueurs d'étincelles, les choses ne se passent pas tout à fait ainsi; l'arc,
lorsqu'il se produit, ne donne pas les raies métalliques, ou
elles sont masquées par le spectre de l'air.

Les étincelles blanches, qui, comme nous l'avons vu,
correspondent à des variations brusques et plus ou moins
fréquentes de l'intensité, ont naturellement des propriétés
inductives très énergiques; une expérience très simple
permet de le constater (**B.** n° 39). Intercalons dans le
conducteur qui va de la bobine à l'excitateur à étincelles
une boucle de fil de quelques centimètres de diamètre, les
deux bouts de cette boucle pouvant être réunis par un mi-

Fig. 53.

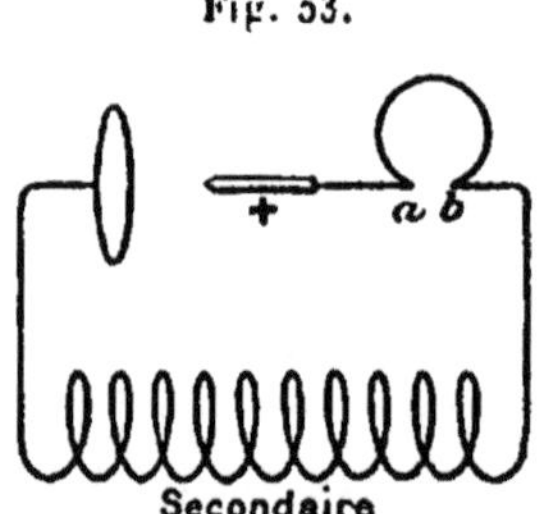

cromètre à étincelles a, b (*fig.* 53). Entre les points a et b
nous avons une différence de potentiel proportionnelle à

$$R\,i + L\frac{di}{dt},$$

R étant la résistance de la boucle, L la self-induction et i
l'intensité du courant qui passe dans l'étincelle; le fil peut
être assez gros pour que R soit négligeable. Tant que la variation de i est faible, il n'y a pas d'étincelles entre a et b;
c'est ce que l'on observe toujours quand l'étincelle est
chaude.

Dès que les étincelles blanches apparaissent, on voit une
petite étincelle éclater entre a et b, le courant passe plus
facilement par la coupure que par la boucle; cela tient à ce

que les étincelles correspondent à des variations $\frac{di}{dt}$ très intenses et aussi à ce fait que l'intensité i elle-même a son
intensité *instantanée* infiniment plus grande qu'on ne
pourrait le supposer d'après l'*intensité moyenne* qui passe
dans l'étincelle. Tout ce qui fait apparaître les étincelles
blanches provoque l'apparition en a et b des petites étincelles; on peut, par exemple, faire éclater une étincelle
chaude entre la pointe et le plateau, et l'on constate qu'en
soufflant cette étincelle on fait naître simultanément des
étincelles blanches entre les électrodes et des petites étincelles entre a et b.

L'étincelle chaude correspond à une moindre chute de
potentiel parce que la résistance de la gaine d'air chaud est
plus petite que celle de l'air froid, mais, néanmoins, cette
gaine ne se comporte pas comme un conducteur métallique,
l'étincelle ne peut y éclater que pour une différence de potentiel finie. On peut démontrer ceci par une expérience
assez intéressante : une bobine, alimentée par une source
puissante, est excitée par un interrupteur très rapide, un
Wehnelt, par exemple ; la distance entre la pointe et le
plateau est réglée de telle sorte qu'on obtienne une étincelle très chaude, une sorte d'arc de quelques centimètres
de longueur. Si, à ce moment, on attache, à l'électrode
positive de préférence, un fil métallique, et si l'on approche
l'autre bout de ce fil du plateau négatif, on voit qu'il faut une
distance quatre ou cinq fois plus petite entre le fil dérivé et le
plateau, pour que l'étincelle y éclate, de préférence à son
chemin initial, de la pointe au plateau ; à ce moment l'étincelle abandonne complètement son premier trajet pour
venir se fixer sur le second. On peut ensuite éloigner le fil
du plateau, allonger l'étincelle ; elle ne reprend son trajet
initial que si la distance entre le fil dérivé et le plateau
devient assez grande pour que l'arc cesse de se produire ;
on peut aussi, à l'aide du fil, ramener l'étincelle sur la
pointe. Cette expérience montre que, même avec une étincelle très chaude, la résistance est encore assez grande

pour que la différence de potentiel permette de franchir plusieurs centimètres dans l'air froid et aussi pour que le courant ne passe pas dans l'air chaud au-dessous d'un certain potentiel, puisque l'étincelle dérivée absorbe immédiatement tout le courant.

Nous avons considéré jusqu'ici les étincelles très séparées que donnent les interrupteurs à faible fréquence, la dernière expérience nous montre que les choses changent d'aspect lorsque l'intervalle entre deux étincelles consécutives est assez petit pour que la gaine d'air chaud n'ait pas le temps de se détruire.

Avec les interrupteurs rapides, la distance explosive étant celle qui correspond aux étincelles blanches, on voit d'abord éclater un flux crépitant de ces étincelles qui, plus ou moins vite, se transforme en une sorte de chenille chaude et silencieuse, souvent mélangée de traits blancs; cet aspect se présente souvent avec le Wehnelt.

Les interrupteurs rapides facilitent quelquefois l'étincelle de la façon suivante : la bobine étant insuffisante pour faire franchir la distance des électrodes de l'excitateur, des aigrettes violacées se forment à chaque interruption et elles agissent, tant par l'échauffement de l'air que, peut-être, par l'action connue des rayons ultra-violets qui abaissent le potentiel explosif, de telle sorte qu'à un certain moment l'étincelle franchit l'intervalle et, une fois établie, elle ne disparaît que par suite d'un obstacle nouveau. Il est à remarquer que, dans ce cas, l'étincelle passe le plus souvent de l'aigrette à l'étincelle chaude, parce que celle-ci se maintient mieux, l'échauffement de l'air étant plus grand. C'est généralement de cette façon que s'allument les étincelles très chaudes données par les interrupteurs électrolytiques.

Quand les étincelles sont établies, il est possible d'écarter les électrodes à une distance beaucoup supérieure à la distance explosive; avec les très grandes fréquences données par les interrupteurs électrolytiques, on double assez facilement la longueur des étincelles; c'est pour cette raison que certaines personnes ont annoncé avoir obtenu, avec ces interrupteurs, des étincelles beaucoup plus longues qu'avec les interrupteurs mécaniques; il y a là une simple confusion dans les termes employés.

On peut montrer l'abaissement de résistance de l'air, quand la température s'élève, de la façon suivante : les deux électrodes de l'excitateur étant assez éloignées pour qu'aucune étincelle n'éclate entre elles, il suffit d'approcher une flamme : bec de gaz, lampe à alcool ou même simple allumette, pour voir jaillir les étincelles; cette expérience réussit très bien si l'on a soin de choisir la distance des électrodes peu supérieure à la distance explosive normale.

CHAPITRE VI.

PUISSANCE ET RENDEMENT DES BOBINES.

§ 23. Puissance et rendement. — La puissance absorbée par une bobine dépend de la résistance du circuit primaire, de sa self-induction et de la force électromotrice employée; souvent aussi, quand le secondaire est fermé sur lui-même ou sur de grandes capacités, la puissance absorbée est fonction également de ce circuit. Quelles que soient les conditions du circuit primaire, nous avons vu qu'une partie seulement de l'énergie absorbée est utilisée pour l'induction; c'est l'énergie qui a été emmagasinée dans la self-induction primaire

$$W_1 = \frac{LI_0^2}{2}.$$

Dans une bobine excitée par une source de courant continu, de force électromotrice E, l'énergie absorbée à chaque instant a pour valeur

$$EI\,dt,$$

et, comme E est constant, la *puissance* absorbée

$$P_0 = \frac{E}{T}\int_0^T I\,dt = EI_m$$

est le produit de la force électromotrice constante E par l'*intensité moyenne* I_m du courant.

S'il se produit n décharges par seconde, la puissance utilisée pour l'induction est égale à $n\,W_1$, nous pouvons donc définir un premier rendement ρ_1 :

$$\rho_1 = \frac{n\,W_1}{P_0} = \frac{n\,L I_0^2}{3\,E I_m};$$

c'est ce que nous appellerons le *rendement du circuit;* nous verrons qu'il est possible, par un choix convenable des facteurs E et R, d'augmenter ce rendement afin de se placer dans les conditions les plus favorables.

A chaque décharge, l'énergie W_1 se dépense en chaleur dans le circuit secondaire, en hystérésis dans le fer et enfin produit l'effet utile. Si nous appelons w l'énergie utile à chaque décharge, le rapport ρ_2 entre w et l'énergie emmagasinée W_1 représente ce que nous désignerons sous le nom de *rendement propre* de la bobine :

$$\rho_2 = \frac{w}{W_1} = \frac{2w}{L I_0^2}.$$

Le produit de ρ_1 par ρ_2 représentera le *rendement total* ρ :

$$\rho = \rho_1 \rho_2 = \frac{nw}{E I_m}.$$

Le rendement total d'une bobine est assez mal connu, parce qu'il est presque toujours impossible de connaître le rendement propre de la bobine.

Le rendement du circuit est assez facile à déterminer lorsqu'on connaît la self-induction L et le nombre d'interruptions n, car la mesure de la puissance absorbée $E I_m$ est une opération facile.

Le rendement total ne peut guère être déterminé que dans deux cas : lorsque la bobine a son circuit secondaire fermé sur une résistance constante r', dans laquelle elle envoie un courant d'*intensité efficace* i_{eff}; dans ce cas, la puissance utile est $r'\,i_{\text{eff}}^2$ et le rendement total

$$\rho = \frac{r'\,i_{\text{eff}}^2}{E I_m}.$$

Le second cas est celui où la bobine charge une capacité relativement grande; si l'on fait alors donner la plus grande longueur d'étincelles possible, on peut admettre que l'énergie emmagasinée dans la capacité secondaire est entièrement utilisée dans les décharges, de sorte qu'à chacune de celles-ci l'énergie utile est très près de

$$w = \frac{cu^2}{2}$$

et le rendement propre peut atteindre

$$\rho_2 = \frac{cu^2}{LI_0^2},$$

d'où, si l'on connaît n, le rendement total

$$\rho = \frac{n\,cu^2}{2\,EI_m}.$$

Pour cette détermination il est bon de faire éclater l'étincelle entre boules, afin de pouvoir se reporter aux potentiels explosifs connus ou, mieux encore, il faut déterminer, par une autre méthode, le potentiel explosif correspondant à la longueur d'étincelles que l'on a obtenue. Une bonne précaution à prendre consiste à opérer par étincelles très espacées, afin d'éviter l'échauffement de l'air et des boules de l'excitateur.

Dans des expériences faites sur des bobines de provenances diverses, en chargeant des bouteilles de grande capacité, nous n'avons jamais vu le rendement propre atteindre 5o pour 1oo, il était plus généralement voisin de 4o pour 1oo.

Le rendement du circuit est plus facile à mesurer et l'on peut l'améliorer dans bien des cas; les facteurs sur lesquels on peut agir dans ce but sont : la force électromotrice de la source, la durée du contact et la résistance du circuit. Si, par exemple, l'effet à produire exige la différence de potentiel qui correspond à l'intensité I_1 (*fig.* 54), nous

savons que cette intensité est atteinte au bout d'un temps
d'autant plus petit que le voltage E de la source augmente;
comme l'énergie dépensée, par effet Joule, dans le circuit
primaire, a pour valeur

$$R \int_0^t I^2 \, dt,$$

on voit que l'on a intérêt à réduire ce temps par l'augmen-

Fig. 54.

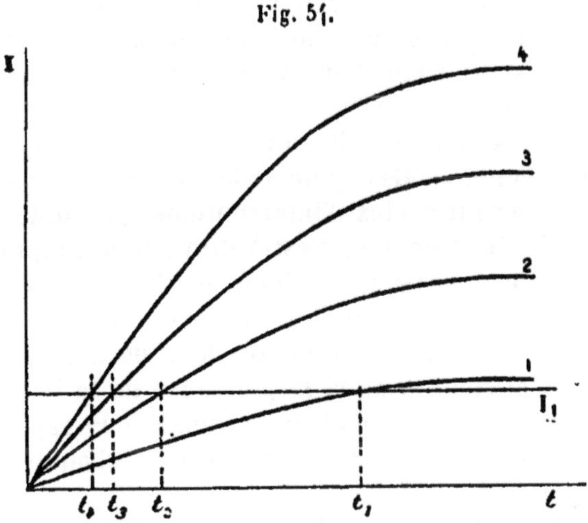

tation de E, au moins autant que l'interrupteur employé le
permet.

L'augmentation de la résistance R du circuit, à l'aide
d'un rhéostat destiné à limiter l'intensité $I_0 = \dfrac{E}{R}$, moyen qui
est d'usage courant, est contraire à une bonne utilisation
de l'énergie, mais, comme elle est une garantie très sûre
pour la conservation de la bobine, il vaut mieux sacrifier
un peu le rendement chaque fois que l'on peut craindre
que l'interrupteur employé donne une durée de contact
trop longue pour le voltage.

A mesure que E s'élève, le rendement du circuit augmente,

mais de moins en moins rapidement, de sorte qu'il est pratiquement inutile de faire E supérieur à 10 fois RI_0. Cependant, comme le rendement n'est pas le seul point intéressant de la question, on est souvent conduit à utiliser les circuits d'éclairage à 110 ou 220 volts; avec des interrupteurs à liquide, assez rapides, on obtient ainsi une bonne utilisation de l'énergie, pourvu que l'on ne soit pas conduit à employer des rhéostats limitateurs d'intensité.

Avec les interrupteurs à mercure, dans lesquels la durée du contact peut être réglée, il faut donner à celle-ci une valeur suffisante pour atteindre, ou à peu près, l'intensité nécessaire, mais il ne faut jamais prolonger cette durée beaucoup au delà, car l'énergie est dépensée en pure perte.

L'augmentation du voltage E permet donc de réduire la durée du contact, elle augmente le rendement et elle permet aussi de produire plus d'interruptions; par suite, la *puissance utile* de la bobine, c'est-à-dire l'énergie qu'elle peut fournir dans des conditions données, s'élève aussi.

Si l'on augmente le nombre d'interruptions n en réduisant simplement le temps perdu entre deux décharges consécutives, on augmente aussi la puissance de la bobine, mais sans rien changer au rendement, puisque le rapport entre l'énergie utile et l'énergie absorbée à chaque décharge reste constant.

Avec les interrupteurs électrolytiques le rendement total peut encore être mesuré dans les deux cas que nous avons indiqués ci-dessus : échauffement d'une résistance ou charge d'une grande capacité, mais il est assez difficile de séparer le rendement propre de la bobine de celui du circuit, puisque la résistance de l'interrupteur varie à chaque instant de la période.

Pour comparer deux bobines il faut toujours se placer dans des conditions aussi identiques que possible et mesurer la puissance absorbée par chacune d'elles pour produire un effet utile donné; cependant on peut trouver, pour des bobines différentes, des conditions de circuit et d'emploi telles que les résultats utiles soient équivalents; la comparaison ne doit donc être faite qu'après avoir cherché, pour chaque bobine, les conditions les plus favorables.

Avec le courant continu la mesure de la puissance absorbée par une bobine peut se faire à l'aide d'un wattmètre ou, plus simplement et aussi exactement, à l'aide d'un *voltmètre quelconque* et d'un *ampèremètre à aimant permanent* puisqu'il faut connaître l'*intensité moyenne*. Tous les ampèremètres donnant l'*intensité efficace* : thermiques, électrodynamomètres, galvanomètres à fer doux, *sont à rejeter dans ce cas*, ils peuvent donner des erreurs considérables.

Les ampèremètres employés doivent être amortis, et à *oscillations lentes*, à cadre mobile par exemple ; les appareils à indications rapides donnent souvent des résultats tout à fait faux, à cause d'une *résonance mécanique* entre l'oscillation de l'aiguille et le mouvement de l'interrupteur.

Sur le circuit secondaire il faut toujours faire les mesures avec des appareils donnant les *valeurs efficaces,* parce que les deux facteurs u et i sont variables.

Lorsque la bobine est alimentée par du courant alternatif, il faut employer un wattmètre pour mesurer la puissance absorbée ; la mesure séparée de l'intensité et du voltage efficaces ne présente aucun intérêt, sauf pour le réglage.

§ 24. **Mesure des constantes.** — Nous ne pouvons pas entrer ici dans le détail des méthodes de mesures à appliquer, et nous devons nous borner à quelques conseils sur le choix et l'importance de ces méthodes.

La *résistance* des deux circuits d'une bobine doit toujours être connue et, lorsqu'on craint un accident dans la bobine, c'est la première mesure à faire. Une bobine dont le secondaire est rompu peut continuer à fournir de bons résultats en apparence, mais une petite étincelle éclate entre les points de rupture et est susceptible de mettre la bobine hors de service ; en vérifiant souvent la résistance, on peut connaître l'accident avant qu'il ait pris trop d'importance ; cette vérification doit toujours être faite après les transports, les chocs étant très susceptibles d'amener une rupture.

La mesure de la résistance ne comporte généralement pas une grande précision, 2 à 3 pour 100, au plus, car il est difficile de connaître la température de la masse à 5° près. Ce manque de précision fait qu'il est impossible de reconnaître, de cette manière, la mise en court-circuit de quelques spires du secondaire, accident assez fréquent et qui peut mettre la bobine hors d'usage.

A défaut de pont de Wheatstone, on peut mesurer la résistance d'une bobine en observant, avec un milliam-pèremètre ou un voltmètre, l'intensité du courant que fournit une source de force électromotrice connue : celle d'un réseau d'éclairage à courant continu, par exemple.

Il existe de nombreuses méthodes pour la mesure des capacités, mais la plupart d'entre elles exigent des condensateurs parfaits, ce qui n'est pas le cas ordinaire des condensateurs de bobines; dans ceux-ci il existe en général une très forte polarisation et une conductibilité relativement considérable; ces deux défauts ne gênent en rien le fonctionnement des bobines, mais ils rendent la mesure de la capacité assez délicate. La solution la plus recommandable dans l'espèce consiste à employer la méthode de Sauty, en remplaçant le galvanomètre par un téléphone et le courant continu par un courant alternatif. La capacité ainsi mesurée est bien celle qui doit entrer dans le calcul des oscillations; elle est toujours plus petite que celle que donne la mesure au balistique, parce que la capacité de polarisation est à peu près éliminée.

La mesure des coefficients d'induction est souvent considérée comme assez délicate; en réalité elle est aussi facile que celle des résistances, il suffit de choisir la méthode la plus appropriée au circuit mesuré. Pour les bobines d'induction, comme pour toutes les bobines renfermant du fer, les *méthodes de zéro* doivent être exclues, il faut employer les *méthodes d'élongations;* pour la self-induction, celle de Rayleigh, comparaison d'une self-induction avec une résistance, est la plus commode.

Il ne faut pas oublier que les coefficients d'induction d'une

bobine avec fer sont fonction des ampères-tours magné-
tisants (*fig.* 34); par conséquent *une mesure, sans indication de l'intensité du courant, n'a aucune valeur;* il est
indispensable de faire plusieurs mesures, pour des intensités comprises entre zéro et la valeur maximum du courant à admettre dans la bobine. Pour la self-induction du
secondaire, il faut choisir les intensités qui donnent à peu
près le même nombre d'ampères-tours que les intensités
primaires, en divisant celles-ci par le coefficient de transformation.

Le coefficient d'induction mutuelle doit aussi être déterminé pour les mêmes intensités primaires. Pour être rigou-
reux il faudrait aussi tenir compte du courant secondaire,
mais, comme ce dernier est rarement connu, il faut se con-
tenter de mesurer l'induction en supposant le courant secondaire nul. La méthode la plus simple est celle des élongations, dans laquelle on mesure la quantité d'électricité
induite dans le secondaire par le renversement d'un courant
primaire dont l'intensité est connue.

Le coefficient de transformation, lorsqu'il n'est pas connu
par les données de la construction, peut être déterminé
par le rapport des coefficients

$$\frac{M}{L}, \quad \frac{l}{M}, \quad \sqrt{\frac{l}{L}}.$$

Pour que le coefficient de transformation ainsi mesuré
soit exact, il faut introduire dans les rapports des valeurs
qui correspondent au même nombre d'ampères-tours, ou à
peu près; pour M et L, il suffit de connaître leur valeur
pour la même intensité primaire; pour les autres rapports
il faut prendre

$$i = I \frac{l}{M} = I \sqrt{\frac{l}{L}},$$

ce qui peut se faire après qu'une première mesure, avec
une intensité quelconque, a fourni une valeur approchée
du coefficient de transformation.

§ 25. Essai des bobines. — Ce que nous avons dit jusqu'ici du fonctionnement des bobines et des interrupteurs montre bien la complexité des phénomènes et fait comprendre qu'il doit y avoir presque autant de méthodes d'essais que d'applications particulières des bobines. Il y a cependant certains essais généraux qui doivent être faits, car ils sont caractéristiques de la valeur des bobines. Parmi ces essais se trouve d'abord la détermination de la longueur d'étincelles en fonction des intensités. Nous avons déjà vu, au Chapitre III, qu'en traçant une courbe des intensités maxima en fonction des longueurs d'étincelles correspondantes (*fig.* 17) on obtient une sorte de caractéristique de la bobine, pour un condensateur et un interrupteur déterminés. La forme de cette courbe et sa constance seront les meilleures garanties que la bobine n'a subi, à l'usage, aucune détérioration.

Le moyen de déterminer cette *caractéristique* de la bobine consiste à l'essayer avec un interrupteur donnant une durée de contact fixe et assez longue pour que l'intensité de régime $I_0 = \dfrac{E}{R}$ soit atteinte. Il faut employer un voltage élevé, celui d'un réseau d'éclairage, par exemple, et intercaler un rhéostat dans le circuit afin de faire varier l'intensité de régime; celle-ci est mesurée à l'aide d'un ampèremètre, lorsque l'interrupteur est arrêté et le circuit fermé.

Pour différentes valeurs de l'intensité I_0 on détermine la longueur d'étincelles maximum qu'il est possible d'obtenir franchement et l'on porte cette longueur en abscisse, l'intensité correspondante étant portée en ordonnée. Plusieurs courbes peuvent être tracées pour des capacités différentes, elles permettent de se rendre compte de la capacité optimum, mais pour l'interrupteur employé seulement. Lorsque après un certain temps de fonctionnement on veut vérifier la bobine, il faut se replacer dans des conditions identiques.

L'essai doit toujours être conduit progressivement; il faut commencer par les faibles longueurs d'étincelles et

A. 7

porter immédiatement les résultats obtenus sur la courbe ;
dès que celle-ci a dépassé le point d'inflexion (*fig.* 17), c'est-
à-dire dès qu'elle tourne sa convexité du côté des abscisses,
il faut augmenter l'intensité très prudemment, car cela peut
être l'indice de fuites qui se produisent dans la bobine.
Quand on voit la courbe monter trop vite vers le haut, l'augmentation d'intensité ne produit plus que des allongements
insignifiants de l'étincelle ; il faut considérer cette longueur
comme la limite pratique qu'il ne faut pas dépasser.

Les interrupteurs rapides et ceux dans lesquels la rupture est fonction de l'intensité ne se prêtent pas à cet essai ;
on peut être tenté alors de rapporter la longueur d'étincelles
à l'*intensité moyenne* du courant ; c'est là une indication
beaucoup trop vague pour être utile, car l'intensité moyenne
est une fonction trop complexe pour servir de repère.

Dans chaque sorte d'expériences il y a lieu de déterminer,
par le mesure du résultat, quelle est la valeur optimum
du condensateur à employer ; cette détermination est assez
difficile, car, bien souvent, l'effet produit échappe à la mesure directe. On obtient d'assez bons résultats en choisissant la capacité qui donne, toutes choses égales d'ailleurs,
la plus grande longueur d'étincelles. Pour la radiographie,
l'aspect du tube, la fixité et l'intensité de la lumière émise
sont de bons guides pour le choix de la capacité à employer.
Il n'est malheureusement pas possible de donner des indications plus précises sur ce sujet ; l'habileté de l'opérateur
joue là un rôle encore très important et dont il est impossible de se passer.

§ 26. Accidents et défauts des bobines.

§ 26. **Accidents et défauts des bobines.** — Les accidents
qui se produisent dans les bobines sont assez nombreux et
souvent très difficiles à déterminer. Les indications suivantes
peuvent, dans quelques cas, servir à les reconnaître, mais
pour y remédier le mieux est de s'adresser au constructeur
qui possède non seulement l'outillage nécessaire, mais
encore une grande expérience de la question.

Des ruptures se produisent quelquefois dans les circuits

des bobines; elles sont faciles à reconnaître par la mesure des résistances. Quand le circuit primaire est rompu, on est immédiatement prévenu parce que le courant de faible voltage de la source ne passe pas. Il arrive souvent que la rupture, sans être franche, existe, tout en laissant des points de contact entre les fils rompus; on a alors des irrégularités causées par la variation de résistance du contact. Là encore, la mesure de la résistance, faite avec soin, indique la nature du défaut.

Quand la rupture est au secondaire, elle ne se décèle pas tout de suite ; mais, au bout d'un certain temps, la petite étincelle, qui éclate entre les bouts du fil rompu, brûle l'isolant des spires voisines et les met en court-circuit, ce qui réduit rapidement l'effet utile de la bobine.

Un accident beaucoup plus fréquent qu'on ne peut le croire tout d'abord, c'est la mise en court-circuit, entière ou partielle, du primaire. Souvent cette mise en court-circuit est franche et peut être décelée par la mesure de la résistance, mais, plus souvent encore, elle résulte de la carbonisation de l'isolant par les étincelles d'extra-courant ; dans ce cas, le résidu charbonneux a une résistance considérable pour le courant de mesure, de sorte que la résistance du primaire semble n'avoir pas varié ; mais, dès que la bobine fonctionne, les extra-courants trouvent là un chemin facile, l'énergie se dépense en ce point et la bobine ne fournit que des étincelles beaucoup plus faibles. Quand cet accident se produit, on remarque, en général, une très forte diminution de l'étincelle à l'interrupteur, ce qui est très visible avec les interrupteurs à sec et se traduit par un bruit sourd très caractéristique dans les interrupteurs à mercure.

La mise en court-circuit de quelques spires du secondaire est plus difficile à mettre en évidence ; cependant cet accident provoque un tel affaiblissement du rendement de la bobine, qu'il est presque impossible de ne pas constater une anomalie. Lorsqu'on est certain que toutes les autres causes de perturbation sont éliminées, on peut localiser le défaut par un moyen brutal qui consiste à *brûler* la partie en court-circuit. La bobine étant placée sur un circuit à haut voltage, avec un interrupteur Wehnelt, fournit une étincelle très chaude, de longueur appropriée à son régime normal ; au bout de très peu de temps, les spires en court-circuit, qui sont le siège d'un courant induit très intense, arrivent à faire fondre l'isolant qui les entoure et la place du défaut est ainsi indiquée ; il est préférable de laisser faire cet essai au constructeur.

Le condensateur aussi peut être en court-circuit ; il est facile de s'en rendre compte par la mesure de sa résistance d'isolement ; un simple voltmètre est mis en série avec le condensateur et le tout est placé en dérivation sur un réseau d'éclairage à courant continu. Dans le cas d'un court-circuit, l'indication du voltmètre est à peu près la même que celle que l'on obtient en réunissant les deux armatures du condensateur par un fil.

Un autre cas se présente aussi : c'est une résistance anormale dans les conducteurs qui relient le condensateur à l'interrupteur ; les étincelles d'extra-courant sont alors considérables et celles du secondaire très affaiblies. Ce n'est que par un examen minutieux de toute la bobine que l'on peut reconnaître la nature et le siège de ce défaut ; un moyen assez commode à employer consiste à sortir le condensateur de sa boîte et à le relier directement, par des fils courts et bien connectés, à l'interrupteur.

Lorsqu'une perforation se produit dans le tube isolant qui sépare le primaire du secondaire, ou, d'une manière générale, lorsqu'une étincelle éclate entre les deux circuits, le secondaire conserve, après l'étincelle, une charge résiduelle, comme il est facile de s'en assurer en approchant la main d'un des pôles ; cette charge résiduelle est très caractéristique des fuites entre les deux circuits ; elle est souvent aussi un indice que la longueur d'étincelles demandée à la bobine est trop grande.

CHAPITRE VII.

CONSTRUCTION DES BOBINES.

§ 27. Primaire. — Le primaire est la partie la plus facile à construire dans une bobine d'induction, mais encore faut-il prendre certaines précautions sans lesquelles l'appareil ne donne que des résultats médiocres.

Dans la forme classique, le noyau de fer est droit ; il est formé de fils de fer de 1^{mm} à 2^{mm} de diamètre, bien dressés et assemblés, par couches concentriques, autour d'une âme plus rigide formée par une tige de fer de 6^{mm} à 8^{mm}. Le placement des fils de fer doit être fait avec soin, de façon à ne pas perdre de place ; on les pose couche par couche, en vernissant fortement à chaque couche. Pour les petites bobines, on prend généralement moins de précautions ; les fils sont simplement assemblés en faisceau, ligaturés et vernis en une seule fois ; souvent même, ils ne sont ni vernis ni ligaturés. Quand la grosseur nécessaire est atteinte, le noyau de fer est séché à l'étuve et il est ensuite recouvert d'une couche isolante, plus ou moins épaisse selon la grandeur de la bobine, formée de papier verni, de toile chattertonée ou de tout autre isolant solide.

Le fil primaire est ensuite enroulé sur le noyau en une ou plusieurs couches. Dans le cas où l'on met plusieurs couches, il est bon de les isoler entre elles avec la même matière qui a servi à isoler le noyau, car il ne faut pas oublier qu'il peut exister entre les bornes du primaire des différences de potentiel de plusieurs centaines de volts.

La grosseur du fil à employer dépend de la dimension de

la bobine, de l'intensité qu'elle doit supporter et de la durée

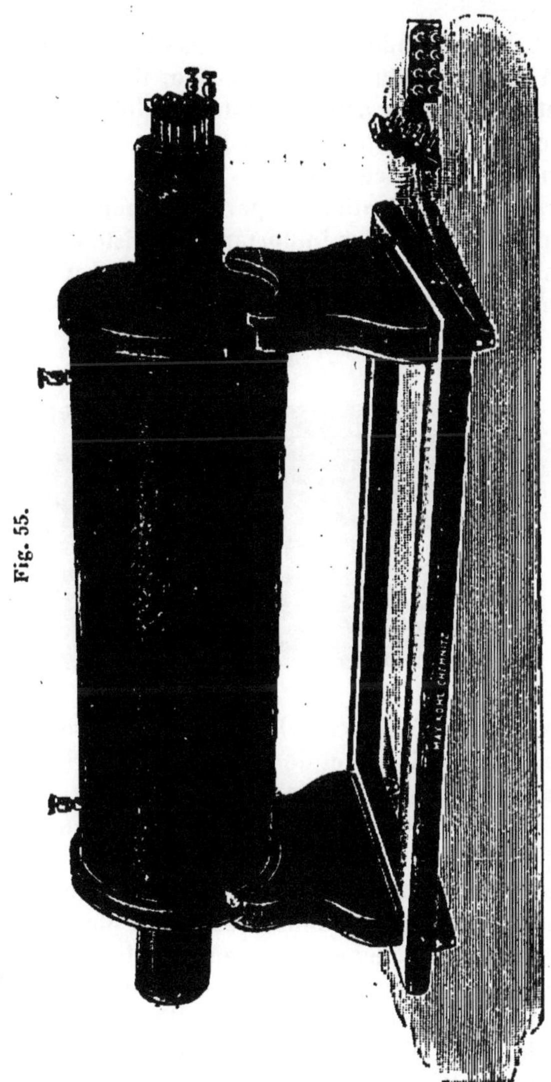

Fig. 55.

du service continu qu'elle est appelée à fournir. Le diamètre du fil primaire varie de $0^{mm},6$ à $0^{mm},8$ dans les petites bobines d'inflammation, jusqu'à 2^{mm} et 3^{mm} dans les grandes.

Bien que le rendement ne soit pas très fortement affecté par la résistance du circuit primaire, il est bon de réduire autant que possible celle-ci, afin de réduire l'échauffement, qui peut être nuisible pour l'isolement, quand la bobine est destinée à un service continu.

Parmi les modifications et perfectionnements apportés au primaire, l'un des plus importants consiste à substituer, au primaire à nombre de tours unique, un noyau recouvert de plusieurs couches de fil entièrement isolées les unes des

Fig. 56.

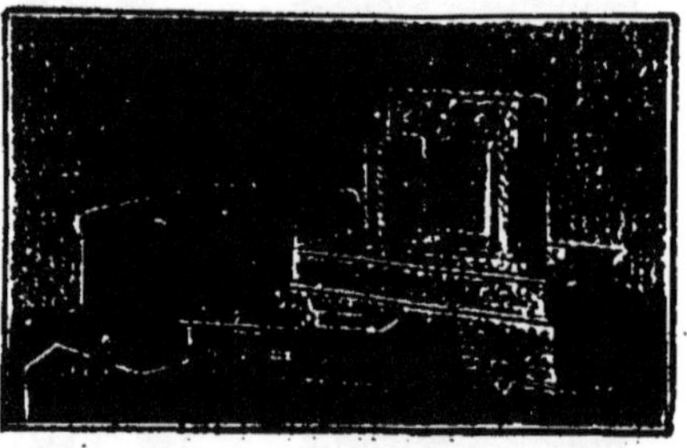

autres; les extrémités de chaque couche sont reliées à un commutateur qui permet de les réunir en série ou en quantité, afin de faire varier la self-induction et la résistance selon les conditions de l'expérience. La figure 55 montre la disposition recommandée dans ce but par le professeur Walter pour l'emploi avec interrupteur Wehnelt; il y a quatre sections égales connectées à huit plots isolés; trois combinateurs à bouchons peuvent se placer sur les plots; ils donnent les combinaisons suivantes : quatre fils en série, deux en série et deux en parallèle, et enfin quatre en parallèle. Dans d'autres modèles, des commutateurs à manettes permettent de mettre en circuit un plus ou moins grand nombre de spires, en laissant les autres inactives.

Le noyau de fer est souvent formé de lames de tôle

assemblées. Si les lames sont d'égale largeur, le noyau est rectangulaire, ce qui est une petite difficulté pour l'enroulement du primaire, et une bien plus grande pour le secondaire, aussi cette disposition est assez peu employée. Le plus souvent on donne aux lames de tôle des largeurs décroissantes, afin de les inscrire dans un cylindre. Dans les deux cas, les lames de tôle doivent être isolées entre elles. L'emploi de la tôle au lieu de fils fait gagner un peu de fer, à diamètre de noyau égal.

Dans les modèles à circuit magnétique fermé, l'emploi de la tôle est tout indiqué, car il facilite la construction. Ce modèle, que la figure 56 indique, n'étant pas très répandu, il n'y a pas lieu d'insister.

§ 28. Secondaire. — Nous avons vu que le secondaire des bobines était enroulé suivant deux modes différents : par couches ou par galettes (*fig.* 4 et 5). L'enroulement par couches est aujourd'hui réservé aux très petites bobines ; il se fait en plaçant la bobine sur un tour et en enroulant soigneusement le fil de façon à ce que les spires se touchent sans se croiser ; après l'enroulement de chaque couche de fil, on recouvre celle-ci d'une feuille de papier, verni ou paraffiné, afin de séparer la couche posée de la suivante, et on enroule celle-ci sur le papier. Il faut avoir soin de mettre les feuilles de papier plus larges que les couches de fil, afin qu'elles débordent celles-ci de quelques millimètres. La bobine, une fois terminée, est plongée dans la paraffine ou l'arcanson chaud afin de remplir tous les vides ; elle est ensuite retirée et mise à refroidir.

Cette construction est très employée pour les petites bobines d'inflammation ; l'enroulement est souvent fait mécaniquement et, quelquefois, on se sert de fil nu ; la machine place alors les spires séparées les unes des autres.

La construction par galettes comporte deux opérations : fabrication des galettes et empilage de celles-ci. La méthode la plus employée, jusqu'à ces dernières années, consistait à faire l'enroulement des galettes dans un bain d'arcan-

son chaud, afin de remplir les vides entre les fils et pour
agglutiner ceux-ci. L'outillage employé est assez simple :
il consiste en un mandrin monté sur l'axe d'un tour ou d'un
rouet, au-dessous duquel est disposée une bassine de métal
remplie d'arcanson chaud (*fig.* 57). Le mandrin est géné-

Fig. 57.

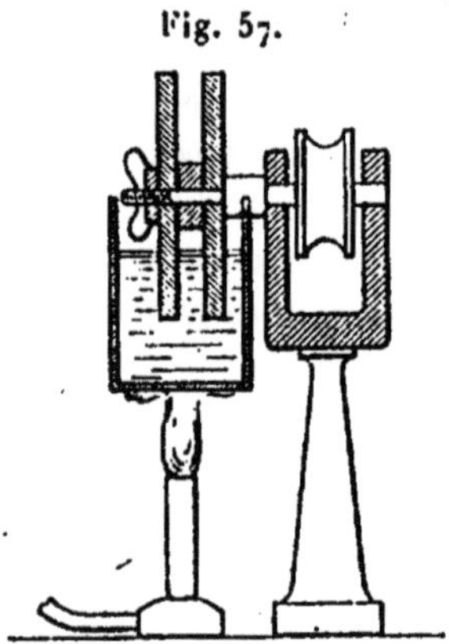

ralement composé de deux disques en laiton ayant le diamètre extérieur de la galette; ces disques sont percés au
centre d'un trou destiné au passage du boulon qui doit les
assembler. Un noyau métallique, ayant le diamètre de l'intérieur des galettes et l'épaisseur qu'elles doivent avoir
finalement, se place entre les deux disques ; l'ensemble de
ces trois pièces, fortement serré par le boulon central,
forme le mandrin dans lequel viendront se loger les fils.
Avant de faire l'enroulement, on garnit le noyau et les
disques de papier huilé afin de faciliter le dégagement des
galettes terminées; pour le noyau, on enroule quelques
tours d'un ruban de papier de largeur appropriée, où on y
place des bagues en carton découpées au diamètre voulu;
pour les disques, on les recouvre intérieurement d'une
feuille de papier tenue au centre par le noyau et à l'extérieur par une bague ou une attache quelconque. Le fil est
disposé sur un dérouleur en face du mandrin, son extrémité
est passée dans un petit trou ménagé vers le centre d'un

des disques. Ceci étant fait, la cuve est amenée sous le mandrin et suffisamment élevée pour que celui-ci y plonge presque jusqu'à l'axe. L'enroulement commence alors ; il doit être fait assez lentement pour que l'arcanson pénètre bien partout. Dès que le mandrin est rempli, on le démonte de sur le tour afin de le laisser refroidir, et l'on retire ensuite la galette terminée. Afin d'éviter le déroulement des fils intérieurs, on garnit souvent le noyau du mandrin d'une bague de carton qui reste collée au fil et forme un cercle rigide.

Dans les anciennes bobines, les galettes avaient une épaisseur à peu près uniforme de 2^{mm} à 3^{mm} environ. Aujourd'hui, les constructeurs qui ont conservé ce mode de fabrication donnent des épaisseurs extrèmement variables aux galettes ; c'est une affaire d'outillage et de commodité avant tout ; il est impossible et inutile de formuler aucune règle à cet égard.

L'assemblage des galettes, pour former le *corps* de la bobine, se fait en empilant alternativement une galette, une cloison isolante, une autre galette et ainsi de suite. La jonction des galettes entre elles peut se faire soit en joignant le fil intérieur d'une galette au fil extérieur de la suivante (*fig.* 58, 1), soit en réunissant alternativement deux

Fig. 58.

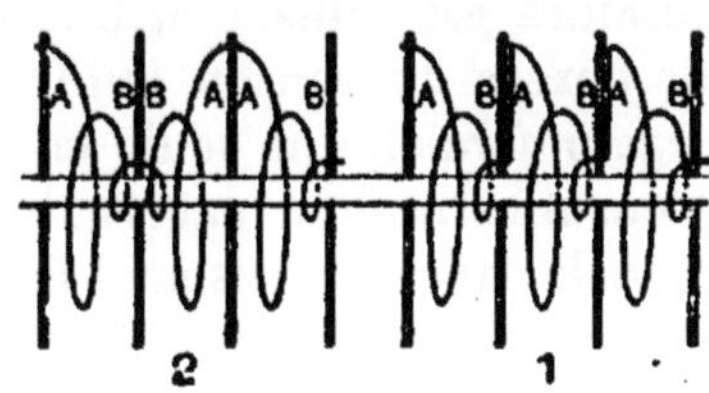

fils intérieurs, puis deux fils extérieurs (*fig.* 58, 2). Dans le premier cas, les galettes sont toutes empilées dans le même sens ; si, par exemple, la face A était tournée vers le côté de la poulie, sur le tour, toutes les faces A seront tournées vers la gauche ; afin d'éviter le contact entre le fil venant du centre les spires de la galette voisine, on met ordinairement deux cloisons entre lesquelles passe le fil de jonction. Dans le second cas, on doit toujours avoir deux faces A ou deux faces B qui se regardent.

Les cloisons employées varient avec les constructeurs; on a, tour à tour, utilisé le papier, arcansonné ou verni, le bois, le verre, l'ébonite; aujourd'hui chaque constructeur a ses préférences plus ou moins motivées. La condition essentielle à remplir, c'est que les cloisons présentent une *rigidité diélectrique* suffisante pour résister aux différences de potentiel assez élevées qui existent entre les galettes. Pour faire les cloisons en papier, qui ont été et sont encore très employées, on prend du papier assez fort, que l'on passe dans un bain d'arcanson ; les feuilles, superposées en nombre suffisant (on en met au moins deux, afin d'éviter l'effet nuisible que produirait un petit trou inaperçu), sont découpées à l'emporte-pièce en disques annulaires ayant au centre le diamètre intérieur des galettes et, extérieurement, un diamètre un peu plus grand que celui des galettes.

Les galettes et les cloisons sont empilées en se servant, comme guide, d'un tube de laiton du diamètre de l'intérieur des galettes, puis les soudures des fils sont faites. L'ensemble présente alors une longueur plus grande que celle que doit avoir la bobine terminée; on porte le tout à l'étuve, et, quand la température est suffisante, une pression convenable fait sortir l'excès d'arcanson qui imprègne les cloisons. Le tout s'agglomère en une seule masse.

Le corps est ensuite terminé par l'adjonction de deux disques en bois épais dans lesquels sont fixés deux plots de laiton destinés à recevoir les fils libres des galettes extrêmes. Le corps, entouré d'une enveloppe provisoire : carton, métal mince, reçoit alors une couche d'arcanson chaud, destinée à l'isoler complètement, et il est ensuite tourné si la bobine doit être montée suivant les anciens modèles.

Ce procédé de fabrication donne de bons résultats lorsqu'il est soigneusement employé, mais il est coûteux et il donne souvent des déboires, surtout pour les très grandes bobines; aussi est-il moins employé aujourd'hui. Les perfectionnements apportés reposent sur des méthodes nouvelles et des tours de main. Les méthodes sont seules connues; les tours de main restant la propriété des constructeurs, nous ne pouvons pas en parler.

MM. Rochefort et Wydts furent les premiers à apporter des modifications importantes dans la construction des bobines (Brevet français n° 265728, 6 avril 1897). Dans leur premier modèle, ils renonçaient entièrement au bénéfice du cloisonnement et revenaient à l'enroulement par couches, avec une bobine unique et un nombre de tours beaucoup plus petit, à égalité de longueur d'étincelles. De plus, leur bobine était entièrement noyée dans un isolant *pâteux*, afin d'éviter les fissures qui se produisent souvent dans l'arcanson et les isolants solides, et pour éviter aussi les dépôts de charbon qui résultent de la décomposition des isolants liquides. D'après le brevet, leur isolant est une dissolution, à chaud, de paraffine dans le pétrole; cette dissolution se prend en gelée au refroidissement. La bobine induite, comme on le voit sur la figure 59, est très courte; elle est placée au milieu du primaire, en g, à l'endroit où l'induction est la plus élevée. Les premières bobines de ce système renfermaient seulement $0^{kg},600$ de fil, là où les modèles équivalents en renfermaient plusieurs kilogrammes. Dans les modèles actuels, M. Rochefort a augmenté le nombre des bobines élémentaires, et il les couple en série ou en parallèle, selon leur application.

Il faut signaler une propriété particulière à l'enroulement par couches : la capacité électrostatique entre la couche intérieure et le primaire est assez grande pour que le fil intérieur soit à un potentiel très faible quand le secondaire est entièrement isolé ; il en résulte qu'il faut toujours mettre le pôle correspondant à la terre, lorsque cette liaison est nécessaire, comme dans la télégraphie sans fil par exemple. C'est en raison de cette propriété de l'enroulement par couches que M. Rochefort a été conduit à relier

invariablement le fil intérieur au primaire, et il a donné à
ses bobines le nom d'*unipolaires*. Pour éviter que cette
propriété devienne un inconvénient, le même constructeur
réunit deux bobines semblables, les deux fils intérieurs
étant connectés ensemble ; les deux pôles de la bobine
totale prennent alors des potentiels égaux par rapport à la

Fig. 59.

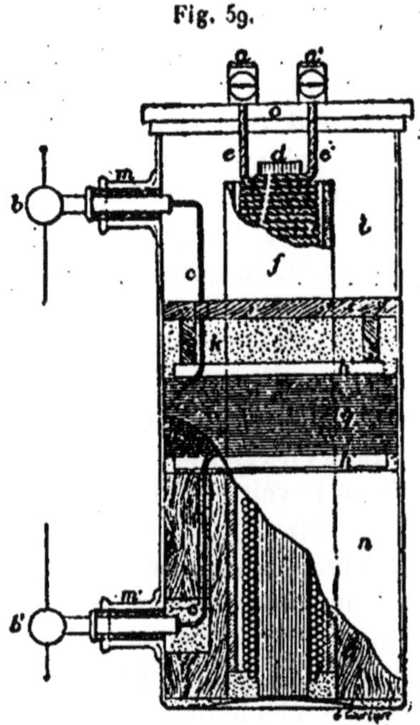

terre, l'un positif, l'autre négatif. Cette disposition est
appelée *symétrique*.

Partant d'une idée théorique très juste, M. Klingelfuss
est arrivé à une construction particulière de la bobine. On
sait que la différence de potentiel, entre deux spires quel-
conques d'une bobine, augmente comme le nombre de
spires qui les sépare, de sorte que, dans une galette, le
potentiel va en croissant ou en décroissant dans le sens du
diamètre, selon le sens du courant. Si l'on place, en face

l'une de l'autre, deux galettes reliées par le centre, il est facile de voir que la différence de potentiel entre elles va en croissant du centre à l'extérieur; par suite, une cloison d'épaisseur uniforme sera trop épaisse au centre et pourra être trop faible à l'extérieur. Pour parer à cet inconvénient, M. Klingelfuss (Brevet français n° 305523, 19 novembre 1900) donne aux cloisons isolantes des épaisseurs graduellement croissantes, et il revient au cloisonnement extrême de Ritchie : ses galettes ne renferment qu'une seule épaisseur de fil. L'enroulement lui-même est spécial ; il est fait à l'aide d'une machine non décrite, grâce à laquelle chaque spire est formée sans qu'il y ait contact avec la spire voisine, les enveloppes de soie des fils ne se touchent même pas. L'enroulement présente, en coupe, l'aspect indiqué schématiquement par la figure 60. Une spirale plate 1, étant

Fig. 60.

formée, est recouverte d'une cloison isolante également plate 2 ; quelques spires de la nouvelle couche 3 sont placées, puis le tout est recouvert d'une cloison *emboutie* 4 ; sur celle-ci viennent se placer quelques autres spires, recouvertes à leur tour par une nouvelle cloison emboutie 5, et ainsi de suite. La figure 60 montre bien comment le *nombre* des cloisons, c'est-à-dire l'épaisseur de l'isolant, augmente à mesure que le nombre des spires augmente. Grâce à la machine spéciale, le fil est enroulé d'une façon continue, sans soudures; il n'y a pas, à proprement parler, de galettes. Ce mode de construction est particulièrement intéressant pour les très grandes bobines; il a permis à M. Klingelfuss de réaliser couramment des bobines de 1^m d'étincelles et plus, qui résistent à l'usage.

Un autre constructeur, Leslie Miller, dans une patente anglaise (n° 5811, 13 mars 1903), revient purement et sim-plement au cloisonnement de Ritchie; sa bobine est formée de spirales plates enroulées mécaniquement et sans solution de continuité, sur des disques en papier. Il y a naturellement un grand nombre de ces disques; les bobines de 25^{cm} à 45^{cm} d'étincelles renferment de 700 à 1200 disques semblables à ceux de la figure 61. Comme dans le système

Fig. 61.

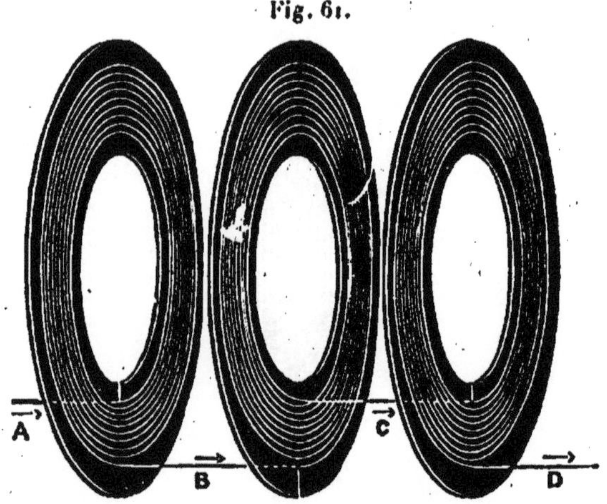

de M. Klingelfuss, les spires voisines ne se touchent pas, de sorte qu'on peut, au besoin, faire l'enroulement en fil nu.

On a souvent fait remarquer que, pour obtenir le maximum d'effet avec une certaine longueur de fil, il fallait donner à la bobine un profil inscrit dans les lignes de force

du champ (*fig.* 62). Pratiquement, comme le secondaire
est toujours beaucoup moins long que le primaire, la forme
cylindrique est équivalente, et il n'y a pas lieu de compliquer
la construction par ces petits détails. La courbe $M = f(x)$,
de la figure 62, a été obtenue en mesurant, dans différentes
positions, le coefficient d'induction mutuelle entre le primaire et une galette dont les diamètres sont d_1 et d_2; les
ordonnées M représentent les valeurs relatives de ces coef-

Fig. 62.

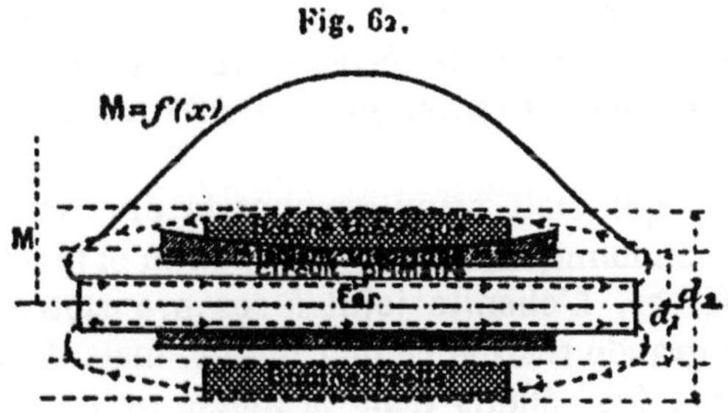

ficients, et les abscisses les positions de la galette par rapport
au noyau de fer représenté. Cette courbe montre que, pour
un secondaire ayant une longueur moitié de celle du fer, le
coefficient M varie assez peu.

Des tentatives ont également été faites pour donner aux
spires intérieures des galettes des grandeurs croissantes du
centre aux extrémités, afin d'augmenter la distance entre le
primaire et le secondaire à mesure que la différence de
potentiel augmente elle-même. Il y a lieu de remarquer
que le milieu de la bobine n'est pas forcément au potentiel zéro, et qu'il suffit d'une dissymétrie quelconque dans
la décharge pour que l'un des pôles vienne à zéro, ou très
près; alors le milieu du tube supporte une tension égale à
la moitié de la tension totale, et l'extrémité opposée supporte le double. La bobine théorique devrait donc avoir le
profil indiqué par la partie hachée de la moitié supérieure
de la figure 62, mais ce mode de construction est assez
peu usité.

§ 29. Isolants. — L'isolement entre le primaire et le secondaire est un point très important. Il est obtenu, en général, à l'aide d'un tube de verre, d'ébonite ou de micanite (mica aggloméré par de la gomme laque). Souvent aussi, pour les petites bobines d'allumage, le tube est simplement en carton, et même, comme on peut relier le fil intérieur du secondaire au primaire, son rôle est simplement celui d'un support mécanique.

Quel que soit le diélectrique choisi, l'épaisseur doit être proportionnée à la longueur d'étincelles fournie par la bobine; de quelques millimètres seulement pour les petites bobines, elle peut s'élever jusqu'à 20^{mm} ou 30^{mm} pour les grandes.

Le verre, qui était primitivement le plus employé, est presque abandonné aujourd'hui ; l'ébonite et la micanite lui sont préférées. L'ébonite joint à ses propriétés isolantes une assez grande résistance mécanique, mais il est difficile d'éviter que des défauts dans la masse ne produisent des points faibles. La micanite, qui a peut-être une rigidité diélectrique plus élevée, a le défaut de s'altérer sous l'action de l'ozone; il faut l'envelopper entièrement dans une autre matière isolante qui la soustrait à l'influence de l'air et des effluves.

Le primaire est généralement libre dans le tube, et il peut être sorti facilement, mais le secondaire reste toujours collé au tube au moyen d'une matière isolante : arcanson, paraffine ou autre, et le collage doit être tel qu'il ne reste pas d'interstices ni de vides, dans lesquels pourraient se former des effluves. Avec les isolants liquides ou pâteux, il faut également que ceux-ci remplissent bien tous les vides.

L'extérieur de la bobine doit être parfaitement recouvert d'une couche isolante plus ou moins épaisse, selon la longueur d'étincelles, afin d'éviter les fuites qui se produisent toujours sur les surfaces. Il ne doit pas non plus exister de vides entre cette couche et le fil. Beaucoup de bobines sont aujourd'hui renfermées dans des boîtes remplies de cire, de paraffine ou d'arcanson, ou d'un isolant pâteux ou liquide;

le remplissage de la boîte est quelquefois fait dans le vide.

La rigidité diélectrique n'est pas la seule qualité que l'on doive exiger de l'isolant extérieur d'une bobine, il faut encore que la matière choisie ne soit pas susceptible de se fendiller, de fondre sous l'action d'une chaleur modérée, ni de subir un retrait considérable au refroidissement; elle ne doit pas être hygroscopique. Il n'y a pas d'isolant réellement parfait; les cires, les résines et paraffines possèdent en partie les qualités requises et chaque constructeur a ses préférences motivées autant par l'expérience que par les conditions de sa fabrication.

§ 30. **Condensateurs.** — Les condensateurs des bobines sont formés par des feuilles d'étain séparées par des feuilles d'un diélectrique; celui-ci est, le plus souvent, du papier verni, arcansonné ou paraffiné, de la soie vernie ou paraffinée, du caoutchouc ou de la gutta en feuilles, quelquefois même du mica. Il ne semble pas que les qualités du condensateur influent beaucoup sur le rendement de la bobine; la seule chose à exiger c'est que l'épaisseur du diélectrique soit suffisante pour résister aux différences de potentiel, souvent considérables, auxquelles le condensateur est soumis (*voir* Chap. III); cette épaisseur doit être d'autant plus considérable que la bobine doit servir à un usage plus continu, car il ne faut pas oublier que le condensateur s'échauffe sensiblement et que la rigidité diélectrique diminue rapidement quand la température augmente.

La construction ordinaire des condensateurs est la suivante : les feuilles de papier sont découpées à la dimension choisie ainsi que les feuilles d'étain; on donne à celles-ci une largeur de 1^{cm} à 2^{cm} plus petite qu'aux feuilles de papier, mais une plus grande longueur. Le nombre de feuilles de papier à intercaler entre les feuilles d'étain varie avec la puissance de la bobine et l'épaisseur des feuilles elles-mêmes, mais il faut qu'il y ait au moins deux feuilles, afin d'éviter qu'un défaut inaperçu provoque la rupture du condensateur. Les feuilles de papier sont vernies ou paraffinées à l'avance, ou bien employées à sec. On place sur une table les feuilles de papier qui doivent former le diélectrique, puis, au-dessus, une feuille d'étain, en ayant soin de laisser déborder le papier également sur trois côtés, l'étain retombant en dehors sur le quatrième côté. Sur cette feuille on place une nouvelle série de papiers, en les superposant bien aux premiers, puis une autre feuille d'étain dont la partie en excès retombe sur le côté opposé au premier, et ainsi de suite, jusqu'à ce que le condensateur entier soit empilé. On porte ensuite à l'étuve afin d'agglomérer le tout, ou l'on fait bouillir dans l'arcanson ou la paraffine; finalement on presse le tout encore chaud afin de réduire les dimensions. Les extrémités des feuilles d'étain qui dépassent aux deux bouts sont rabattues sur le dessus (*fig.* 63), et le contact est

Fig. 63.

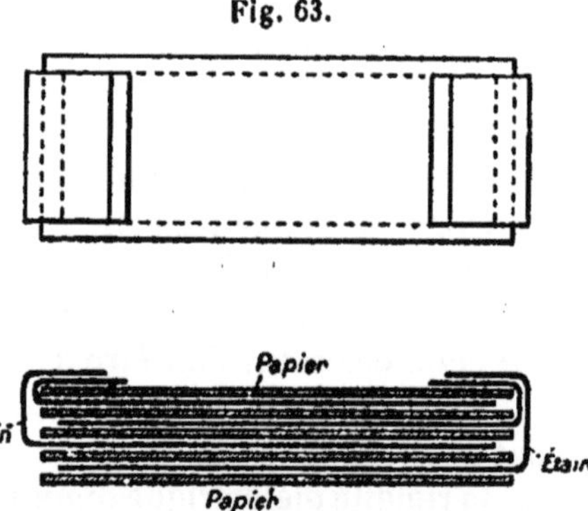

établi à l'aide de ressorts qui appuient sur ces parties, ou, mieux encore, les extrémités sont repliées sur elles-mêmes et soudées à des fils de façon à établir un meilleur contact.

On construit très souvent aujourd'hui les condensateurs subdivisés avec un commutateur permettant de prendre les sections séparément ou groupées, afin de faire varier la capacité employée.

Le sectionnement peut être fait en parties égales ou suivant une progression quelconque. La meilleure combinaison à adopter, car c'est celle qui donne l'échelle la plus

variée, à nombre égal de sections, est la *série binaire* : 1, 2,
4, 8, 16, etc. Avec 4 sections, cette série donne toutes les
combinaisons de 1 à 15, tandis que la *série décimale* : 1, 2,
2, 5 donne seulement de 1 à 10 et les sections égales 1 à 4.
Le groupement des sections se fait toujours en parallèle ;
les commutateurs ont des formes variées. Dans le modèle de
la figure 64, les sections ont toutes une de leurs armatures

Fig. 64.

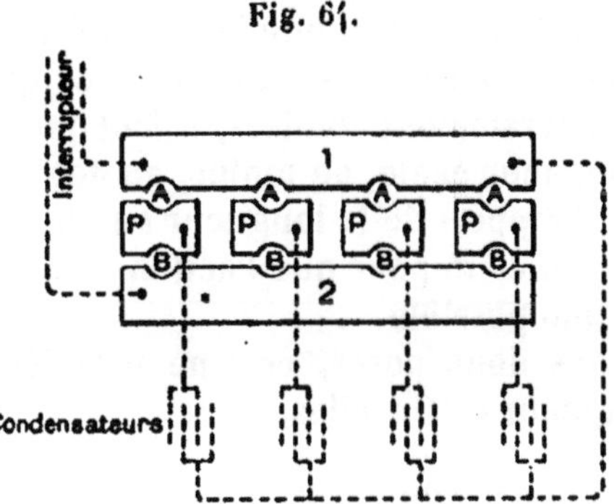

reliée à la bande de laiton 1 ; les autres armatures sont
reliées aux plots P. Une fiche placée en B met la section
correspondante en service ; en A, au contraire, la section est
mise en court-circuit. Les fiches qui se placent dans les
trous A et B sont quelquefois remplacées par des leviers
pivotant sur les plots P et venant en contact avec 1 ou 2.

Ce que nous avons vu du rôle du condensateur fait comprendre l'intérêt qu'il y a à pouvoir faire varier la capacité
selon les besoins de l'expérience.

§ 31. **Dimensions et proportions.** — Si nous connaissions
la loi des potentiels explosifs en fonction du temps, pour
un interrupteur donné, et la loi de la décharge secondaire,
il serait possible de prédéterminer par le calcul une bobine
complète ; le calcul se réduirait à peu près à celui d'un
transformateur industriel ; mais, comme ces données nous
font défaut, il est tout à fait illusoire de faire ce calcul et il

faut recourir à l'empirisme pour déterminer chaque modèle.

Il y a cependant quelques indications que nous pouvons déduire de la théorie et des nécessités de la construction. Tout d'abord, la distance entre les bornes du secondaire ne doit pas être inférieure à la longueur d'étincelles que l'on veut obtenir, à moins que l'on ne fasse usage d'une construction analogue à celle de M. Rochefort; la longueur du corps est donc déterminée par cette donnée.

Nous savons, d'autre part, que l'efficacité des galettes va en décroissant du centre aux extrémités et que, pour les proportions généralement admises, il faut donner au noyau de fer une longueur égale, au moins, au double de celle du corps. Enfin le rapport de la longueur au diamètre doit être compris entre 10 et 15 pour que l'action du noyau soit aussi bien utilisée que possible.

Nous pouvons donc poser, comme premières données, λ étant la longueur d'étincelles,

$$\text{longueur du corps} > \lambda,$$
$$\text{longueur du noyau de fer} = 2\lambda,$$
$$\text{diamètre du fer} = \frac{2}{10} \text{ à } \frac{2}{15} \lambda,$$

quitte à modifier ensuite les dimensions si les enroulements l'exigent.

L'enroulement primaire doit être en fil assez gros pour que la chaleur dégagée RI^2t soit sans danger. On fait travailler le fil primaire des bobines à une densité de courant (courant moyen) de l'ordre de 1 à 2 ampères par millimètre carré; mais, le refroidissement étant presque nul, la quantité totale de chaleur dégagée doit être assez faible, ce qui oblige, pour les grandes bobines, où la longueur du fil est considérable, à augmenter le diamètre afin d'obtenir une résistance totale aussi faible que possible. Il faut se rappeler que l'hystérésis joue un rôle important dans l'échauffement des grandes bobines, il est donc nécessaire de réduire la part de l'effet Joule.

Le nombre de tours à mettre sur le primaire varie avec l'intensité du courant à employer; il est toujours bon de réduire ce nombre, afin de n'être pas conduit à un chiffre trop élevé pour le secondaire. Une considération importante entre en jeu ici : c'est celle de l'énergie emmagasinée dans la bobine, laquelle est une fonction du nombre de tours. La nécessité d'augmenter le volume du fer avec la longueur de l'étincelle à produire fait que l'on est conduit à augmenter la puissance de la bobine quand cette longueur augmente. L'expérience montre que l'on fait généralement travailler le fer à la même induction *moyenne*, environ 6000 gauss; cette induction est à peu près obtenue, dans les bobines courantes, lorsque le champ magnétisant $\mathcal{H}$ est voisin de 100 gauss :

$$\mathcal{H} = \frac{4\pi NI}{l'};$$

la longueur l' de la bobine primaire est généralement 0,8 à 0,9 de celle du fer. Nous pouvons, de cette équation, tirer la valeur pratique.

$$N = 64\,\frac{l}{I},$$

la longueur l du fer étant exprimée en centimètres et l'intensité I en ampères.

Dans ces conditions, la self-induction de l'enroulement primaire, pour un noyau dans lequel le rapport $\frac{l}{d}$ est compris entre 10 et 15, peut être exprimée, comme première approximation, par

$$L = 80 N^2 d \times 10^{-9},$$

N étant le nombre de tours total; si le diamètre d est exprimé en centimètres, la self-induction est en henrys.

Le nombre de tours du primaire étant déterminé, il faut obtenir celui du secondaire. Il n'y a aucune règle pour déterminer ce nombre. On peut poser en principe qu'il faut que le rapport entre les nombres de tours (coefficient de transformation) augmente avec la longueur d'étincelles, en vertu de la loi connue que le rapport des nombres de tours est aussi celui des forces électromotrices d'induction. Par suite, la différence de potentiel, à laquelle sont soumis les isolants du primaire et du condensateur, augmente avec le potentiel explosif au secondaire et il faut augmenter ces isolants si on laisse le coefficient de transformation constant. En outre, et c'est là le point capital, la force électromotrice de self-induction augmentant, le fonctionnement de l'interrupteur est plus délicat, les étincelles d'extra-courant sont plus fortes et absorbent une plus grande partie de l'énergie.

Les coefficients de transformation employés par les différents constructeurs varient beaucoup. Les uns, comme l'Allgemeine Elektricitäts Gesellschaft, paraissent avoir été guidés par les considérations ci-dessus; les autres, au contraire, réduisent notablement ces coefficients. Le Tableau suivant montre l'indécision qui règne sur ce sujet.

Longueur d'étincelles.	A.E.G.	Carpentier.	Klingelfuss.	Rochefort.
15 ^{cm}....	$\frac{n}{N} = 160$	108	»	»
20....	180	157	»	»
25....	210	163	»	115
30....	240	183	»	100 à 150
40....	300	150	»	»
50....	350	180	»	»
60....	420	144	»	»
70....	500	»	»	»
100....	»	»	107	»

Les coefficients de l'A. E. G. paraissent élevés si on les compare à ceux des autres constructeurs, mais il est évident que, si l'on pouvait obtenir des enroulements à grand nombre de tours ayant une faible résistance, tout en conservant à l'isolant du fil une épaisseur suffisante, il y aurait avantage à employer cette solution; malheureusement les conditions ci-dessus sont contradictoires, et il y a lieu de craindre qu'avec un grand nombre de tours les fils soient serrés et que des étincelles jaillissent entre les spires.

Quoi qu'il en soit, les chiffres du Tableau précédent montrent que, pour des bobines également bien construites et jouissant d'une réputation bien établie, les données de construction sont tout à fait différentes, ce qui prouve, une fois de plus, l'inutilité actuelle du calcul préalable des bobines.

Le diamètre du fil induit est généralement assez faible, $0^{mm},15$ à $0^{mm},20$; on fait rarement usage de fil plus gros, et il ne semble pas que l'on gagne beaucoup à augmenter ce diamètre; il est préférable, à volume de bobine égal, d'augmenter l'épaisseur de la couverture isolante, ou l'intervalle entre les fils.

Pour déterminer l'épaisseur du tube isolant entre les deux circuits, la même indécision règne. L'épaisseur doit, naturellement, augmenter avec la longueur d'étincelles, mais il n'est guère possible de donner de règle à ce sujet; l'expérience seule peut guider. Il faut tenir compte, non seulement de la rigidité diélectrique de la matière employée, mais il faut, en outre, laisser une marge assez grande pour parer aux défauts de fabrication.

Voici quelques chiffres indiqués par Th. Gray pour la rigidité diélectrique; ces nombres représentent la tension, en kilovolts, nécessaire pour percer une épaisseur de 1^{cm} de la substance étudiée. Il faut se rappeler que la rigidité diminue quand l'épaisseur augmente.

	mm		kv par cm
Cristal, épaisseur 1..............	Rigidité =	285
» » 2..............	»	253
» » 4..............	»	200
» » 6..............	»	168
Ebonite, une épaisseur, $0^{mm},93$..	»	538
» deux épaisseurs, $1^{mm},86$.	»	434
Micanite, épaisseur, 1^{mm}........	»	400

En comparant ces chiffres avec les potentiels explosifs
indiqués d'autre part, on peut se faire une idée *a priori* des
dimensions à adopter. Pratiquement les tubes isolants employés pour les bobines moyennes, 25^{cm} à 40^{cm} d'étincelles,
ont une épaisseur de l'ordre du centimètre.

§ 32. Forme des bobines. — Pendant longtemps, la forme
extérieure des bobines est restée à peu près telle que
l'avaient établie les premiers constructeurs : un corps
cylindrique terminé aux deux bouts par des disques de
glace et recouvert d'une enveloppe d'ébonite (*fig.* 65) ; ce

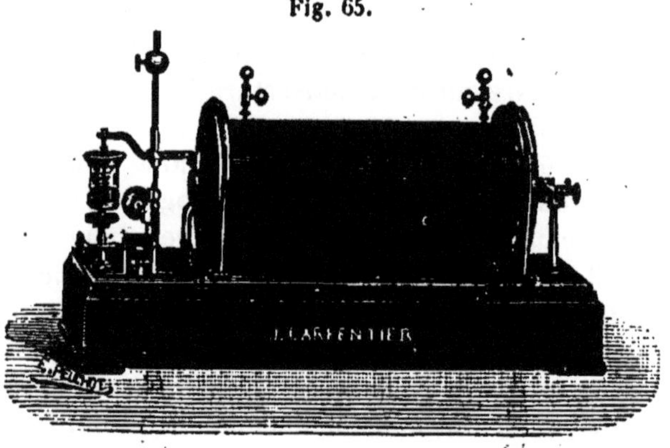

Fig. 65.

corps était monté sur un socle renfermant le condensateur. Depuis que l'usage des bobines s'est répandu, on leur
a donné des formes plus robustes, rappelant moins les appareils de physique. Actuellement, en France, un grand
nombre de constructeurs placent leurs bobines dans des
caisses rectangulaires, remplies d'arcanson ou de paraffine ;
les bornes sont souvent montées sur des colonnes isolantes
en ébonite. Les inducteurs ont généralement la longueur
de la boîte, ils débordent à peine à chaque bout. Ces boîtes
sont quelquefois montées sur un socle renfermant le condensateur et les interrupteurs sont disposés sur le côté
(*fig.* 66). La suppression du condensateur, pour les bobines

Fig. 66.

actionnées par les interrupteurs Wehnelt, a conduit à sup-

Fig. 67.

primer le socle, les bobines pour cet usage se réduisent

Fig. 68.

alors au corps et l'on donne à l'enveloppe extérieure de celui-ci des formes variées; la figure 67 en est un modèle.

Fig. 69.

La forme généralement adoptée en Allemagne peut être caractérisée par la figure 68. Le primaire est très long et

déborde largement aux deux bouts ; il est enveloppé, comme
d'ailleurs tout le reste de la bobine, d'une couverture en
ébonite. Le secondaire, dont la longueur est, à peu près,
réduite à la longueur d'étincelles, est supporté par deux
joues reposant sur un socle. Une disposition qui peut, dans
certains cas, être avantageuse, est indiquée par la figure 69 ;
elle consiste à faire reposer la bobine sur deux consoles
fixées au mur.

Les bobines anglaises et américaines sont des combinaisons intermédiaires entre celles qui sont signalées ci-
dessus.

Les formes à donner aux bobines ne sont pas bien fixées,
comme on le voit, et il est possible que la télégraphie sans

Fig. 70.

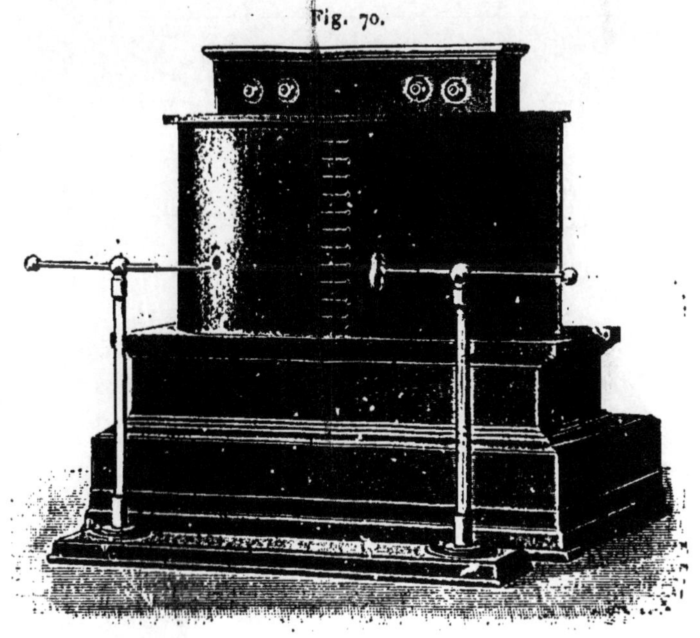

fil, qui est l'application la plus industrielle de ces instruments, conduise à des formes plus robustes, plus pratiques
et rappelant de plus près les transformateurs industriels.

Parmi les formes un peu spéciales, il faut signaler les

bobines verticales, représentées presque uniquement aujourd'hui par les bobines Rochefort (*fig.* 59) et les modèles à circuit magnétique fermé de Klingelfuss (*fig.* 70).

Les applications de la radiographie obligent souvent à transporter les bobines et l'installation complète; plusieurs modèles ont été créés dans ce but; les bobines sont réduites aux dimensions strictement nécessaires et renfermées dans un caisson de transport, qui contient aussi la plus grande partie des accessoires nécessaires (*fig.* 71).

Enfin, il faut terminer cet exposé sommaire en disant quelques mots des bobines médicales. On connaît la forme générale de ces instruments : une ou deux bobines cylindriques de petites dimensions, munies d'interrupteurs à ressort, sont placées dans une boîte avec des accessoires, tels que pile, électrodes, sels, etc. Ces bobines n'ont pas de condensateurs. Les bornes sont disposées de telle sorte que l'on peut à volonté relier les électrodes au primaire ou au secondaire. Le réglage des courants induits se fait soit en faisant glisser le secondaire sur le primaire, comme dans l'appareil de Dubois-Reymond, soit en faisant pénétrer plus ou moins, entre les deux circuits, un tube métallique qui agit comme écran et réduit l'induction du primaire sur le secondaire.

CHAPITRE VIII.

INTERRUPTEURS.

§ 33. Interrupteurs à contacts solides. — L'interrupteur
à marteau de Wagner et Neef, tel qu'il figurait sur les premières bobines, a, aujourd'hui, à peu près complètement
disparu, mais les modèles dérivés ont survécu et fournissent
encore un bon usage, lorsque leurs dimensions sont bien
proportionnées. La forme générale de ces interrupteurs est
celle de la figure 72 : une lame R, de laiton ou d'acier, for-

Fig. 72.

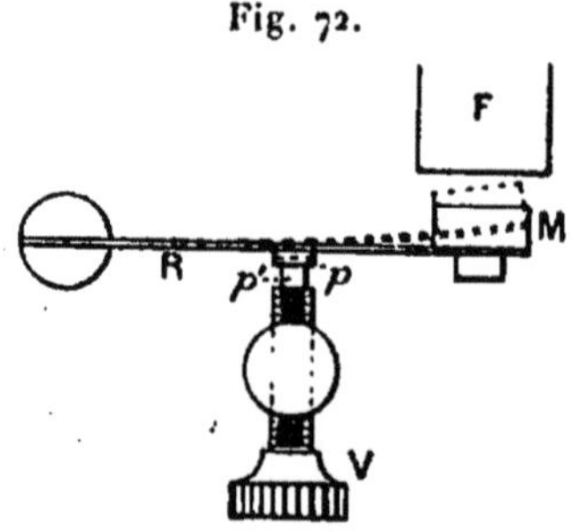

mant ressort, porte à son extrémité une masse de fer ou
marteau M ; celle-ci se trouve placée en face et à une petite
distance du faisceau de fer F de la bobine. Un grain de
platine p est rivé sur le ressort et vient en contact avec le
bout p', également en platine, d'une vis V, dont la tête est
moletée. Quand la vis est en contact avec le platine du ressort, la bobine étant reliée à la source de courant, le marteau est attiré par le faisceau ; il fait fléchir le ressort, et,

si le réglage de la vis est convenable, le courant est rompu entre p et p' à un certain moment de la course du marteau. L'attraction magnétique cesse alors, et le marteau est ramené à sa position initiale par le ressort; dans ce mouvement, le circuit est de nouveau fermé, et le phénomène recommence, de telle sorte que le marteau prend un mouvement vibratoire dont l'amplitude et la fréquence sont réglées par sa masse, l'élasticité du ressort, l'intensité du courant et la pression plus ou moins grande exercée sur le ressort par la vis V.

Les étincelles qui se produisent à l'interrupteur rendent la surface des contacts rugueuse, et même elles soudent les grains de platine entre eux, ce qui arrête la bobine. M. d'Arsonval a cherché à éviter ce défaut en donnant à l'un des contacts un mouvement de rotation continu; de cette façon, les petites bosses produites par les étincelles se régularisent et la surface du platine reste unie, ce qui donne une plus grande régularité dans le fonctionnement. La lame vibrante porte, comme toujours, un grain de platine, mais la vis est munie d'un cylindre de platine de plus grand diamètre. Le contact se produit à la circonférence du cylindre, de sorte qu'en donnant à celui-ci un mouvement lent de rotation sur son axe, on renouvelle constamment la surface de contact. Le mouvement est donné au cylindre par un petit moteur électrique auxiliaire.

Dans les interrupteurs du genre Neef, la rupture du circuit s'effectue à un point de la lame vibrante où la course est moindre qu'au marteau, et le ressort fléchit avant cette rupture, ce qui fait que la vitesse de séparation des deux parties du contact n'est pas très grande; il résulte de ce défaut que l'on est vite limité par les étincelles d'extra-courant, et qu'il est difficile d'employer ces interrupteurs pour les grandes longueurs d'étincelles.

L'interrupteur de M. Deprez (1881) a été un perfectionnement très important. L'idée directrice a été celle-ci : maintenir le circuit fermé par une pression sur les contacts,

telle que la rupture ne puisse être obtenue avant que le
courant ait atteint la valeur nécessaire. Dans les interrupteurs genre Neef, le marteau prend un mouvement vibratoire presque entièrement réglé par l'élasticité du ressort
et la masse du marteau ; par suite, si le contact ne s'est pas
bien établi, la rupture se produit quand même au moment
déterminé par l'oscillation, bien que l'intensité n'ait pas
atteint la valeur nécessaire; les étincelles sont alors irrégu-
lières, la bobine ne donne pas ce qu'elle devrait donner.

Sous sa forme la plus répandue actuellement (*fig.* 73),

Fig. 73.

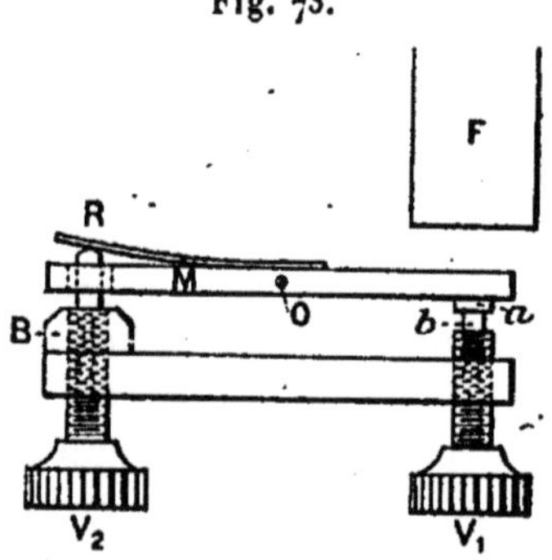

l'interrupteur Deprez se compose d'une lame de fer M,
oscillant autour d'un axe O. Un ressort R, tendu par la
vis V_2, applique cette lame contre la vis de contact V_1;
deux grains de platine, *a* et *b*, fixés l'un sur la lame, l'autre
sur la vis V_1, servent à établir le contact électrique entre les
deux pièces ; la lame M est entièrement isolée du reste de
l'interrupteur; elle est reliée au primaire de la bobine. Le
courant entre par la vis V_1, va de V_1 à M par les contacts *ab*,
traverse le primaire et retourne à la source. Le faisceau F,
en s'aimantant, attire M et, au moment où l'attraction élec-
tromagnétique fait équilibre à la tension du ressort R, mais
à ce moment seulement, la lame M s'avance vers F, la rupture se produit alors et, le courant n'aimantant plus le
faisceau, l'attraction cesse, M revient en arrière, le circuit
se referme, et les choses recommencent comme ci-dessus.

A. 9

On voit facilement que cet interrupteur permet de régler facilement l'intensité à laquelle se produit la rupture, puisqu'il suffit d'agir sur la vis V_2 qui modifie la tension du ressort. Pour un réglage déterminé la rupture se produit toujours à peu près à la même intensité, *quelle que soit la force électromotrice de la source,* mais la fréquence des interruptions dépend du voltage : elle augmente avec lui. Il y a lieu de remarquer aussi que le système n'est pas libre d'osciller ; il n'a pas de période d'oscillation propre, et sa vitesse peut varier dans de grandes limites. Cet interrupteur fournit d'excellents résultats pour les expériences de courte durée, dans lesquelles il est possible de surveiller son fonctionnement. Pour des expériences prolongées, il faut réduire beaucoup le courant, car les étincelles qui se produisent aux points de rupture amènent souvent la soudure des contacts *a* et *b*, et provoquent l'arrêt de l'interrupteur.

La théorie montre que la condition essentielle à laquelle doit satisfaire un interrupteur de bobines, c'est de produire la rupture la plus brusque possible, c'est-à-dire en donnant immédiatement *une très grande vitesse de séparation* aux deux contacts, afin que l'étincelle de rupture éprouve une grande résistance.

Cette considération a amené plusieurs constructeurs à produire la rupture par le *choc* de la tige portant le marteau sur le ressort platiné, de façon à séparer très brusquement les deux contacts. Cette disposition se retrouve notamment dans l'interrupteur de Watson et King (Brevet français n° 266499, 1897).

Le rupteur atonique Carpentier agit de cette manière et, de plus, il est disposé de telle façon qu'il n'a pas de vibration propre, il est exactement *atonique;* c'est, actuellement, un des meilleurs interrupteurs à contacts solides. Il se compose (*fig.* 74) de la palette de fer doux P, articulée dans une rainure triangulaire pratiquée dans un bloc de fer; un ressort à boudin R, placé parallèlement à P, tire sur cette lame et l'applique sur une vis butée B

dont le bout est en ivoire; la tension du ressort R peut
être réglée à l'aide du bouton écrou M. Grâce à la disposition du ressort R, le déplacement de la lame P vers le
faisceau s'effectue sans variation sensible de la tension;
par conséquent, dès que l'attraction du faisceau fait équilibre à la tension de R, la palette P est attirée très

Fig. 74.

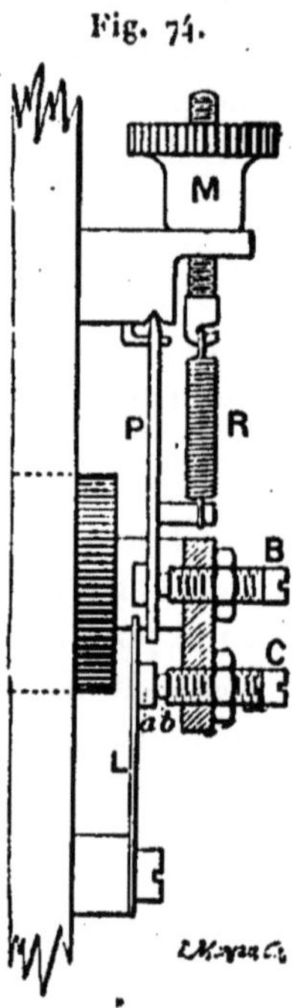

brusquement, ce qui n'a pas lieu quand la force antagoniste
du ressort augmente avec le déplacement. Le contact électrique s'établit entre une lame élastique L et la vis plati-
née C. Si, par le réglage des vis B et C, on établit entre
l'extrémité de L et celle de P une distance convenable, très
petite d'ailleurs, P vient frapper sur L au moment où sa
vitesse est assez grande; comme l'inertie de L est très
petite, il se produit une séparation très brusque des contacts a et b. Le retour de P, après la rupture, et le rétablis-

sement du circuit dépendent de la tension du ressort R ainsi que celle de la lame L; l'expérience montre que l'on peut obtenir un temps perdu très court par rapport à la période de l'interrupteur. L'intensité à laquelle se produit la rupture dépend des deux facteurs ci-dessus, mais plus particulièrement du premier; une fois l'intensité réglée elle reste d'une constance extrêmement grande.

Cet interrupteur est réellement atonique, il se prête à toutes les vitesses qu'on lui impose, il peut, par exemple, se synchroniser parfaitement avec un courant alternatif. Une autre propriété intéressante de ce rupteur, c'est qu'il produit toujours la rupture au bout d'un temps uniforme après la fermeture du circuit; ce temps est celui qui est nécessaire pour atteindre l'intensité de rupture. Nous verrons, en parlant de l'inflammation des moteurs à explosion, l'importance de cette propriété.

Tous les interrupteurs décrits ci-dessus fonctionnent bien sous des voltages assez faibles — 25 ou 30 volts au plus — au delà un véritable arc s'établit entre les points de contact et les brûle; en outre, il n'y a plus de ruptures assez brusques, la bobine fonctionne mal ou s'arrête. Pour des voltages supérieurs il est indispensable de faire la rupture dans un liquide non conducteur, afin d'étouffer l'arc. Cette solution, d'un emploi général dans les interrupteurs à mercure, a été aussi appliquée à quelques interrupteurs à contacts solides. Parmi les interrupteurs de ce genre nous citerons, comme exemples, trois modèles différents.

Dans l'interrupteur Radiguet (*fig.* 75), la rupture se produit entre deux pièces de cuivre. La tige supérieure est suspendue à l'armature d'un électro par l'intermédiaire d'un ressort elliptique C, semblable à un ressort de voiture. L'électro étant excité par le courant même de la bobine, son armature se lève et rompt le contact qui existait entre la tige verticale et un gros bloc de cuivre D porté par une potence *d*. Le courant étant rompu, l'armature et la tige retombent en rétablissant le contact. Grâce au ressort, la tige verticale presse sur le bloc pendant une fraction va-

riable de la période, et la rupture se fait quand la vitesse
de l'armature est déjà assez grande, ce qui assure un arra-
chement brusque de la tige verticale. Le réglage s'obtient

Fig. 75.

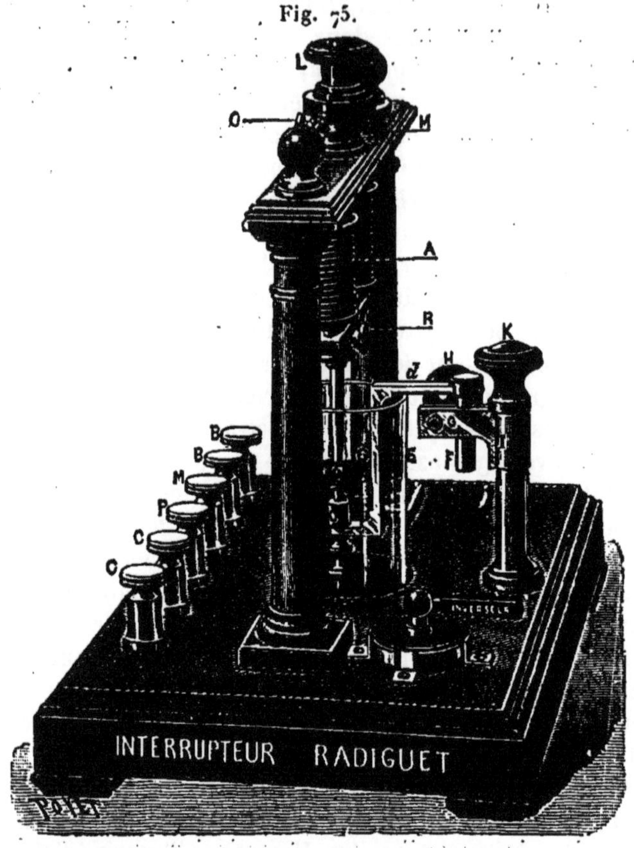

par le déplacement du contact inférieur, en agissant sur la
potence qui le porte.

L'interrupteur de Lecarme et Michel (1902) est rotatif.
Il se compose de quatre balais recourbés, en laiton mince,
portés par un axe vertical. Quand cet axe tourne, la force
centrifuge fait ouvrir les balais et les fait frotter sur des
contacts fixes en cuivre rouge, avec une pression d'autant

plus grande que la vitesse est plus élevée. Pendant la rotation, tant que les balais sont en contact avec les pièces en cuivre rouge, le pétrole qui remplit le récipient se trouve comprimé ; dès que les balais échappent aux contacts, le pétrole sort brusquement et aide à détruire l'étincelle de rupture en même temps qu'il refroidit les contacts.

Dans l'interrupteur de Contremoulins et Gaiffe (*fig.* 76), la partie tournante se compose d'un tambour en cuivre

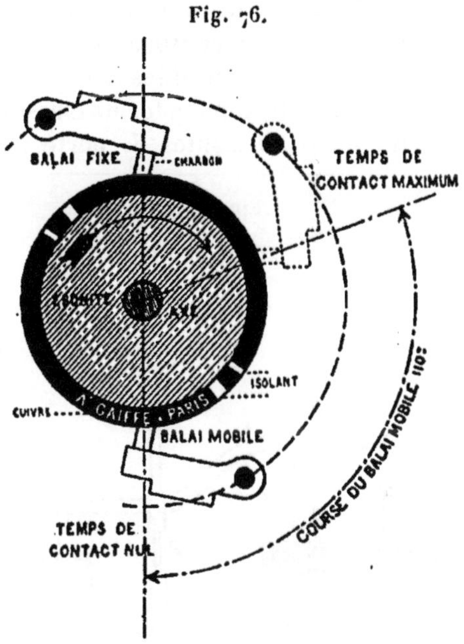

Fig. 76.

rouge, dans le genre d'un collecteur de dynamo. Ce tambour est coupé par quatre pièces isolantes, de façon à former deux grands segments et deux petits. Deux balais, primitivement en charbon, actuellement en cuivre rouge, frottent sur le collecteur. L'un des balais est fixe, l'autre est mobile, il peut se déplacer de 110° autour de l'axe du collecteur. Quand les deux balais sont rapprochés, ils se trouvent en contact avec le même segment du collecteur pendant une

fraction importante du tour; au contraire, quand ils sont
sur le même diamètre, ils sont constamment isolés; entre
ces deux positions limites il est facile, par le déplacement
du balai mobile, de faire varier la durée de fermeture du
circuit.

§ 34. **Interrupteurs à mercure.** — Pour augmenter la
puissance d'une bobine, il faut élever le voltage de la source
afin de faciliter l'établissement du courant, ce qui permet
d'augmenter la fréquence des interruptions ou l'intensité
sous laquelle se produit la rupture. Les interrupteurs à
mercure sont presque indispensables dans ce cas.

L'interrupteur Foucault, sous sa forme classique (*fig.* 77),
se compose d'un fléau horizontal F, porté par une lame

Fig. 77.

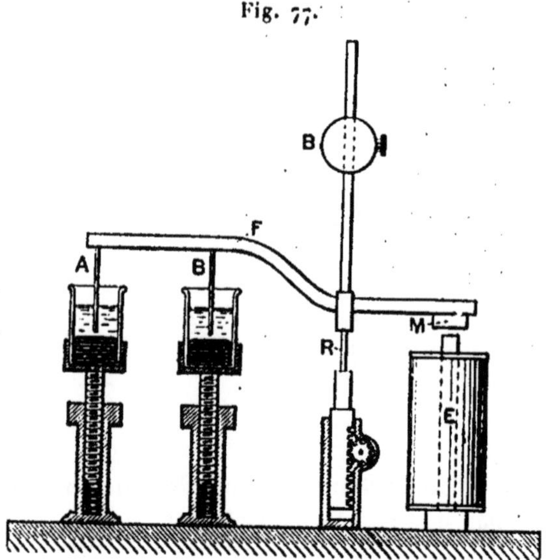

élastique verticale R. Le fléau est muni, à une extrémité,
d'une palette de fer doux M, et, à l'autre, il porte une tige
de fer A, ordinairement terminée par un bout de platine;
une seconde tige B, analogue, se trouve plus près du res-

sort. Les deux tiges plongent chacune dans un godet de verre rempli de mercure, recouvert d'alcool ou d'eau. En face de la palette de fer se trouve un électro E, alimenté par une pile indépendante de celle qui donne le courant à la bobine. Lorsque le fléau est abaissé du côté des godets, les deux tiges plongent dans les deux godets; celle de l'extrémité ferme le circuit de la bobine, tandis que la seconde ferme le circuit de l'électro; ce dernier attire alors la palette de fer doux et le fléau en faisant fléchir le ressort. Dans ce mouvement les deux tiges sortent du mercure, les deux circuits se trouvent rompus, l'étincelle éclate à la bobine et l'électro, n'étant plus excité, cesse d'attirer la palette de fer; le fléau est rappelé en arrière par l'action du ressort et les choses recommencent. Le mouvement du fléau est ainsi entretenu électriquement; la durée de ses oscillations dépend de la rigidité du ressort, de l'inertie du fléau, que l'on règle à l'aide de la boule B dont la hauteur peut varier, et enfin de la plongée de la tige dans le mercure. On peut régler cet interrupteur en soulevant l'ensemble du fléau à l'aide de la crémaillère et en élevant ou abaissant le godet B. Le réglage le plus important est celui du godet A qui est relié à la bobine, car il permet de faire varier la durée de fermeture du circuit; cette disposition, que nous retrouverons dans tous les interrupteurs à mercure, est capitale; c'est grâce à elle qu'il est possible de régler, dans chaque cas, la durée d'établissement du courant afin d'obtenir l'effet maximum avec la dépense d'énergie minimum.

Souvent l'interrupteur est réduit au fléau et à un seul godet, le tout étant placé sur le socle même de la bobine et le noyau de fer de celle-ci attire alors la palette de fer doux (*fig.* 65).

L'interrupteur Foucault est presque abandonné aujourd'hui, il a fallu le modifier considérablement pour l'adapter à de plus grandes vitesses et à la rupture des courants de grande intensité et de haut voltage employés actuellement.

La tige plongeante de l'interrupteur Foucault pénètre obliquement dans le mercure, elle *fouette* le liquide et

favorise l'émulsion du mercure et du liquide isolant, ce qui
a pour effet de modifier constamment le réglage. Dans
toutes les formes actuelles d'interrupteurs à mercure, on a
cherché à remédier à cet inconvénient, soit en guidant la
tige plongeante, soit en donnant au fléau une plus grande
longueur afin de rendre le mouvement presque rectiligne.

Dans l'interrupteur Rochefort (*fig.* 78), la lame de cuivre

Fig. 78.

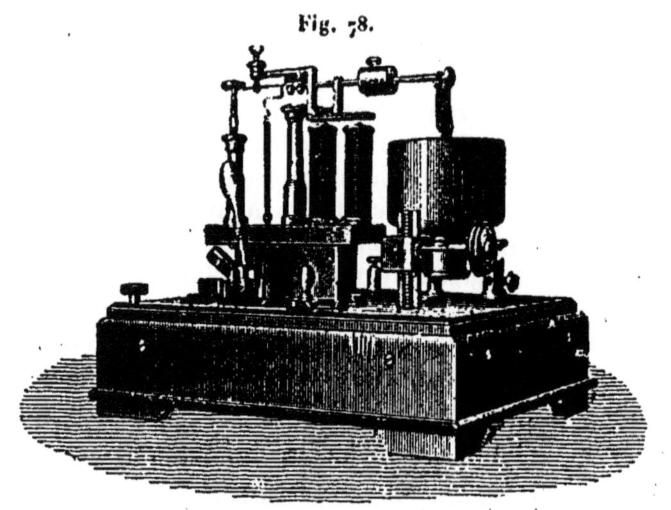

qui plonge dans le mercure est reliée au fléau par l'intermédiaire d'une lame de clinquant qui lui permet de suivre
le fléau, tout en faisant avec lui un angle variable. Un
électro, attirant une armature de fer, et un contact platiné
auxiliaire, permettent de donner au fléau un mouvement
oscillatoire réglable à volonté. Pendant la vibration, la lame
plongeante tend à s'écarter à cause de la force centrifuge,
mais elle est maintenue par la résistance du liquide sur sa
face large et elle est obligée de prendre un mouvement
presque rectiligne; le liquide joue ici le rôle d'un guide.

Dans l'interrupteur Villard grand modèle (*fig.* 79), nous
trouvons l'application d'un fléau à grand rayon. La tige
plongeante est portée par une des branches d'un diapason;

cette même branche porte une armature de fer doux sur
laquelle agit un électro-aimant; l'action de ce dernier
tend à écarter les branches du diapason, de sorte que
celui-ci entre en vibration et ouvre le circuit à intervalles
équidistants. Des contrepoids placés sur les branches permettent de régler leur accord et aussi de faire varier, dans

Fig. 79.

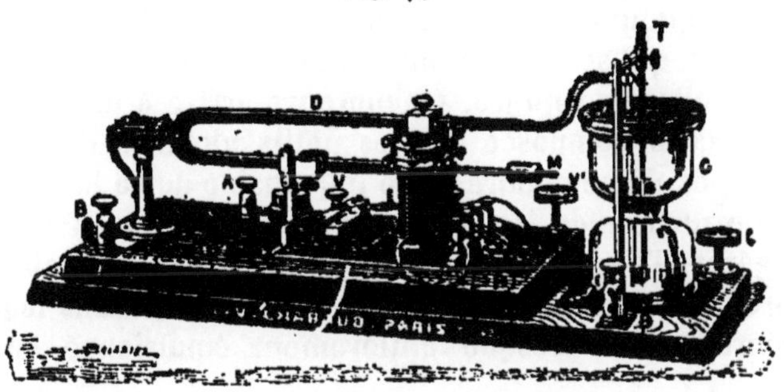

certaines limites, la période de vibration. Le godet est
étranglé au niveau du mercure, afin d'éviter les oscillations
de ce liquide; on trouve des dispositions équivalentes dans
la plupart des interrupteurs à mercure. Enfin, pour faciliter
le remplacement du mercure, la planchette qui porte le
diapason et les bornes est articulée à charnières sur son
arête de gauche, ce qui permet de soulever l'ensemble afin
de dégager le godet.

Un grand perfectionnement aux interrupteurs à tige
plongeante consiste à faire mouvoir celle-ci par un moteur
électrique, en transformant le mouvement circulaire en
mouvement rectiligne alternatif par les moyens habituels :
bielle et manivelle, manivelle et coulisse, etc. Cette disposition, qui paraît avoir pris naissance en Allemagne, est,
aujourd'hui, employée par tous les constructeurs, à quelques
variantes près. Le moteur électrique rotatif a l'avantage
d'être facile à régler comme vitesse et il donne une course
d'*amplitude constante* quelle que soit la vitesse. Les interrupteurs de ce genre sont certainement parmi les plus

pratiques, surtout pour le fonctionnement sur les circuits d'éclairage; par contre, ils se prêtent difficilement aux grandes vitesses à cause de l'inertie des pièces animées d'un mouvement alternatif; *l'entraînement du mercure* limite aussi la vitesse, de sorte qu'il n'est guère possible d'utiliser pratiquement ces interrupteurs au delà de trente à quarante interruptions par seconde.

Un autre inconvénient, qui est d'ailleurs commun à tous les interrupteurs à mercure, c'est la pulvérisation rapide de ce dernier, qui se produit sous l'influence du mouvement et des étincelles de rupture. Le mercure arrive à former une pâte grisâtre composée de très petits globules de métal, enveloppés d'une poudre noire impalpable due à la décomposition du liquide isolant par l'étincelle. Il ne faut pas s'exagérer l'importance de ce défaut, car on obtient encore d'excellents résultats d'un interrupteur dans lequel le mercure est presque entièrement émulsionné de la sorte.

Pour donner à la description une forme concrète, on n'a que l'embarras du choix : tous les constructeurs ont des interrupteurs de ce genre et tous, ou presque tous, sont capables d'un bon fonctionnement. La figure 80 montre un modèle dans lequel le moteur électrique conduit, par bielle et manivelle, une tige guidée verticalement; la tige plongeante est reliée à celle-ci par une potence. La connexion entre la tige plongeante et l'une des bornes est obtenue à l'aide d'une lame de cuivre flexible. Un conducteur fixe plonge dans le mercure à la partie inférieure du godet et établit la connexion avec la seconde borne. Un tachymètre, relié à l'autre bout de l'arbre du moteur, fait connaître à chaque instant le nombre d'interruptions par seconde.

Dans certains autres modèles, en particulier dans ceux de Gaiffe, de Carpentier, etc., la lame flexible, pour la connexion de la tige mobile, est supprimée; il y a deux tiges mobiles, reliées entre elles : l'une plonge constamment dans un godet auxiliaire entièrement rempli de mercure, l'autre dans le godet où se fait la rupture.

Pour les interruptions très rapides, d'autres dispositions ont été proposées, elles reposent sur l'emploi d'une turbine qui aspire le mercure dans le fond du vase et le projette

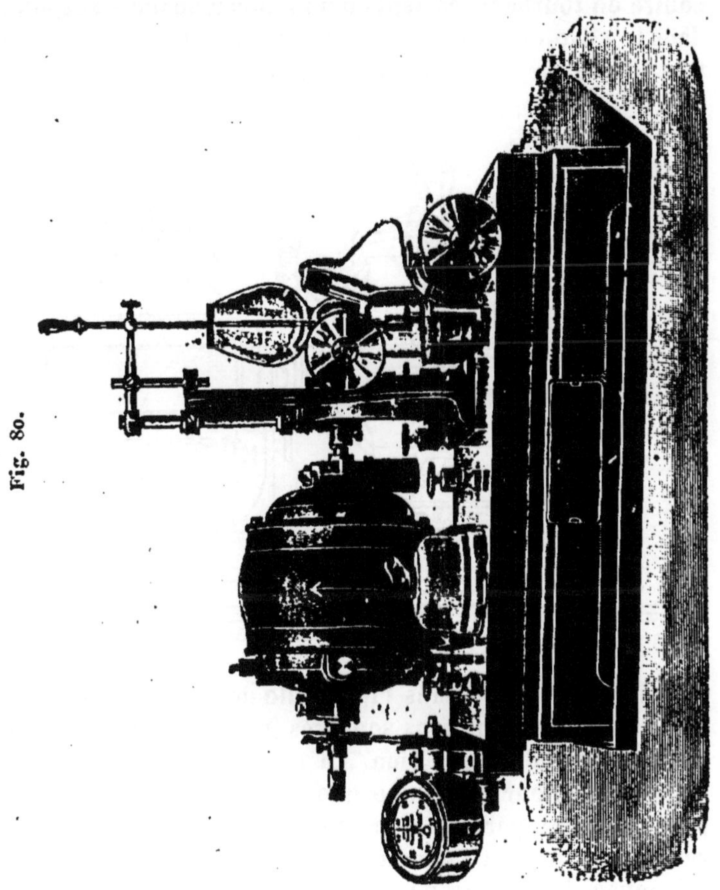

Fig. 80.

comme une colonne rigide sur des pièces métalliques disposées dans ce but.

Le premier en date de ces appareils est celui de l'Allgemeine Electricitäts Gesellschaft (*fig.* 81). Dans cet appareil, une petite turbine, à axe vertical, pompe le mercure contenu

dans un vase en fonte. Le mercure monte, dans l'axe creux
de la turbine, jusqu'à un disque horizontal où il rencontre
un ajutage; il sort de là, projeté par la force centrifuge,
sous forme d'un jet fin et rigide. Ce filet de mercure rencontre en tournant les dents d'un anneau de fonte suspendu
dans la cuve et isolé électriquement de celle-ci. Quand le
filet tombe sur une dent, le circuit est fermé; il est ouvert

Fig. 81.

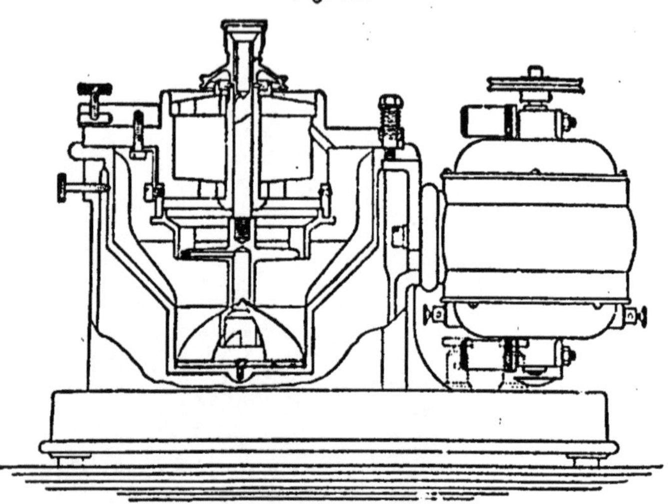

quand le filet tombe dans l'intervalle de deux dents consécutives. Les interruptions sont très franches, de même que
e contact s'établit très bien. La turbine est actionnée par
un petit moteur électrique que l'on voit sur le côté, ou,
plus rarement, par une manivelle tournée à la main. Il faut
remarquer que cet interrupteur ne fonctionne pas à faible
fréquence, la turbine ne s'amorçant pas au-dessous d'une
certaine vitesse. Les ruptures se font naturellement au
milieu d'un liquide isolant, l'alcool de préférence. La pulvérisation du mercure est très considérable dans cet appareil,
mais l'inconvénient est assez faible, puisque la turbine
pompe toujours le mercure homogène au fond de la cuve.

Deux ailettes hélicoïdales fixes sont destinées à empêcher le mercure de participer au mouvement de rotation de l'axe, ce qui désamorcerait la turbine.

Avec cet interrupteur un arrêt, accidentel ou volontaire, de la turbine, coupe immédiatement le circuit; on peut donc

Fig. 82.

supprimer le rhéostat que l'on met souvent pour éviter l'élévation anormale de l'intensité en cas d'arrêt. On fait varier la fréquence des interruptions en changeant le nombre de dents de l'anneau de fonte; on atteint facilement 150 ruptures par seconde; au delà, l'intervalle entre les dents devient trop petit et le courant n'est pas toujours rompu.

Une autre disposition est donnée à l'interrupteur turbine par Max Lévy, de Berlin. Dans ce modèle (*fig.* 82), le jet de mercure est fixe et c'est la couronne dentée qui tourne.

L'arbre de la turbine porte une couronne métallique à dents triangulaires. Le mercure, refoulé par la turbine dans l'ajutage, est projeté sur les dents de la couronne métallique qui passent sur son trajet; l'ajutage est mobile, il peut être soulevé ou abaissé à l'aide d'un bouton, le jet de mercure est donc projeté sur une partie plus ou moins large des dents, ce qui fait que la durée du courant peut être modifiée, même en marche, indépendamment de la fréquence des interruptions.

Une autre catégorie d'interrupteurs, dans lesquels le mercure joue un rôle auxiliaire, peut être placée ici, c'est celle des interrupteurs à *contact glissant amalgamé*. Le premier de ces instruments paraît avoir été réalisé par Hirschmann, de Berlin. L'interrupteur représenté figure 83 est un peu différent comme construction, mais il repose sur le même principe. Un tambour de *stabilité*, fixé sur un axe vertical entraîné par une poulie, a une partie de sa surface recouverte par deux lames de cuivre amalgamé; ces lames sont taillées en triangle. Sur ce tambour frotte un balai en cuivre, percé d'un trou suivant son axe. Le balai peut être élevé le long du tambour de façon à frotter sur une partie plus ou moins large des lames de cuivre, ce qui permet de faire varier la durée du contact. L'axe vertical se termine, à la partie inférieure, par une petite turbine qui refoule le mercure dans le cylindre en bois qui porte le balai; la communication est continue entre le mercure du fond du vase, la turbine, le cylindre de bois et le balai. Pendant la rotation, le mercure refoulé sort du balai et passe sur la lame dont il entretient l'amalgamation; il assure en même temps le contact électrique et facilite le glissement. Un ressort, réglable de l'extérieur, sert à donner la pression convenable entre le balai et le tambour. Le courant, amené au vase en fonte qui renferme tout l'interrupteur, passe du mercure au balai et de là à l'axe du tambour quand il rencontre une des surfaces métalliques. La sortie du courant se fait par l'axe du tambour; à cet effet, pour assurer un bon contact, l'axe est percé, à son extrémité supérieure, d'un trou rempli de mercure, dans lequel plonge un fil de cuivre relié à la borne.

Dans tous les interrupteurs à mercure, la rupture se fait dans un liquide isolant. Les diélectriques que l'on peut

Fig. 83.

employer dans ce but sont très variés et il n'y a pas d'indications bien précises à cet égard; dans le doute, on doit toujours s'en tenir à celui qui est indiqué par le constructeur de l'interrupteur.

Pendant longtemps on a employé l'alcool, préconisé par Foucault; l'huile de naphte a été employée dès le début par Henry; l'eau pure a été également recommandée. D'une manière générale, l'eau donne de très bons résultats avec les bas voltages, jusqu'à 20 volts environ, au delà, il faut avoir recours aux diélectriques non polarisables : alcool, pétrole, huiles minérales. Tous les hydrocarbures sont décomposés par l'étincelle de rupture, ils laissent un dépôt pulvérulent, de carbone probablement, qui enveloppe les globules de mercure et les empêche de s'agglomérer à nouveau; c'est à cette cause que paraît être due la division de plus en plus grande du mercure après un certain temps de fonctionnement. Il faut ajouter à cette cause de division la tension superficielle de la couche de diélectrique qui enveloppe chaque globule. Lorsque le mercure est arrivé à cet état, après un long usage dans un interrupteur, il faut le remplacer par du mercure neuf. On peut récupérer une grande partie du mercure qui a servi, en le laissant reposer après l'avoir lavé à l'eau, si le liquide employé était de l'eau ou de l'alcool, à la benzine, si c'était du pétrole ou des huiles minérales. En chauffant le mercure lavé, on facilite souvent l'agglomération des globules.

§ 35. **Interrupteurs divers.** — Les variétés d'interrupteurs qui ont été imaginées sont innombrables; la plupart n'ont eu d'ailleurs aucune application utile, cependant l'ingéniosité ou la bizarrerie des systèmes mérite parfois une mention, ne serait-ce que pour mettre en garde ceux qui trouveraient à leur tour ces dispositions et seraient tentés de les croire nouvelles.

Dès 1855, Poggendorff avait indiqué qu'en produisant l'interruption dans le vide, on pouvait supprimer le condensateur, la rupture étant très franche.

L'idée a été reprise depuis par M. F. Moore et l'appareil de la figure 84 a été réalisé; c'est un interrupteur de Neef simplement placé dans une ampoule dans laquelle le vide a été fait. Cet appareil n'est pas employé, la corrosion des contacts est très rapide et il est difficile d'y remédier.

Parmi les dispositifs d'interrupteurs à tige plongeante, il faut signaler celui de M. Margot (1897) qui peut être, au besoin, réalisé dans un laboratoire. Il consiste à former une

A.   10

hélice de gros fil de cuivre dont une des extrémités est redressée suivant l'axe de l'hélice, l'autre extrémité étant fixée; si l'on place le tout dans une éprouvette renfermant assez de mercure pour baigner le bout libre de l'hélice, le courant total traverse celle-ci, l'action électrodynamique rapproche les spires et fait sortir le bout libre du mercure en produisant l'interruption du courant.

Pour obtenir des interruptions très fréquentes, M. Grimsehl (1900) monte la pointe de platine qui plonge dans le

Fig. 84.

mercure sur une anche qu'un courant d'eau fait vibrer; la surface du mercure est constamment nettoyée par le courant d'eau. Toujours pour obtenir une grande fréquence, M. Arons (1899) avait proposé de faire porter la tige de platine au milieu d'un fil vibrant attiré par un électro en fer à cheval; le système devait permettre d'atteindre 800 à 1000 interruptions par seconde.

Dans ses recherches de 1837, Page avait employé une étoile de cuivre rouge dont les pointes plongeaient et émergeaient successivement du mercure. L'idée a été reprise en 1897 par M. Hofmeister et en 1900 par M. Ducretet. Ce dispositif est excellent pendant quelques instants, au début, mais la pulvérisation du mercure est si rapide qu'il est impossible de s'en servir pratiquement.

L'interruption du courant par la séparation de deux couches de mercure a été essayée; M. J. Luhne (1900) prend un cylindre isolant creux, coupé suivant une génératrice. Ce cylindre tourne sur un axe horizontal, il est presque rempli de mercure et plonge en partie dans le mercure d'une cuve; à chaque tour, le mercure de l'intérieur vient en contact avec celui de l'extérieur, par la fente du cylindre, puis le circuit est rompu par l'arête de la fente. M. Caldwell (1900) emploie, dans le même but, un disque isolant percé de trous. Ce disque tourne sur un axe vertical et est plongé dans un bain de mercure. Un tube de verre également rempli de mercure s'appuie sur le disque, de sorte qu'à chaque passage d'un trou devant lui, les deux couches de mercure sont en communication.

M. Bary (1901) fait couler une veine de mercure par un tube capillaire; la rupture se produit sous la seule action des répulsions électrodynamiques des éléments d'un même courant.

M. Villard (1904) fait passer un filet de mercure entre les pôles d'un aimant permanent; quand l'intensité du courant est assez grande, la réaction exercée par l'aimant sur le conducteur qui est formé par le filet de mercure brise celui-ci et coupe le courant. La fréquence des interruptions varie avec le voltage et avec l'intensité de rupture; celle-ci peut être réglée en donnant à la partie libre du filet une longueur plus ou moins grande. Cet interrupteur, qui paraît très intéressant, est trop nouveau pour qu'on puisse se prononcer sur sa valeur pratique.

Dans un autre ordre d'idées, M. Barker (1899) place une lampe à arc sur un circuit à 500 volts, avec un rhéostat de 50 ohms, et il interrompt périodiquement le courant en plaçant un aimant près de l'arc.

§ 36. Interrupteurs électrolytiques. — Le vif succès obtenu par l'interrupteur Wehnelt, à son apparition, a été évidemment dû à sa grande simplicité qui permettait de le reproduire facilement dans les laboratoires. La description doit donc commencer par le modèle initial, qui reste toujours intéressant comme solution de fortune, dans un cas urgent, et en l'absence de toute autre ressource.

Sous sa forme la plus simple (*fig.* 42), l'interrupteur Wehnelt se compose d'un fil de platine de quelques dixièmes de millimètre de diamètre, soudé à l'extrémité d'un tube de verre ; ce dernier est rempli de mercure et un fil de cuivre y plonge afin d'établir la connexion avec le pôle positif de la pile. Le tube de verre plonge dans un bac rempli d'eau acidulée ou d'un autre électrolyte. Une lame de plomb, reliée au pôle négatif, forme la cathode du système. Il faut proportionner la surface du platine immergé dans l'électrolyte à l'intensité du courant que l'on veut obtenir, et aussi à la self-induction du circuit et à la force électromotrice de la source. L'échauffement du fil de platine provoque fréquemment la rupture du tube de verre ; il est souvent plus avantageux de souder le fil de platine sur un gros fil de cuivre, et de placer les deux dans un tube de verre presque fermé dans le bas, n'ayant qu'un trou juste suffisant pour laisser passer le fil de platine. Afin d'éviter l'attaque du cuivre, il est bon de le vernir fortement. Avec cette disposition on peut faire varier la longueur du platine immergé, et, par suite, sa surface, ce qui permet le réglage.

Les interrupteurs vendus par les constructeurs ne diffèrent de ce modèle simple que par leur construction plus robuste et mieux appropriée. Dans les modèles de Siemens et Halske, de Max Lévy (*fig.* 85), la tige de platine émerge d'un tube de porcelaine placé au centre d'un vase renfermant l'électrolyte ; un bouton mobile sert à régler la longueur du platine immergé. La cathode est une lame de plomb disposée sur le côté du vase ; elle est quelquefois enroulée sur le tube de porcelaine, de sorte que les deux électrodes forment un tout solidaire du couvercle, le vase servant uniquement au liquide ; un dispositif analogue à ce dernier avait été employé, en 1899, par E. Thomson et R. Shand. Afin d'éviter la corrosion des pièces métalliques, on ménage, dans le haut du tube de porcelaine, un bec de trop-plein par lequel s'écoule le liquide qui, comme nous l'avons vu, tend toujours à monter dans le tube.

Le réglage de l'anode par l'avancement du fil de platine dans l'électrolyte exige la présence de l'opérateur auprès de l'interrupteur; cette condition est parfois difficile à

Fig. 85.

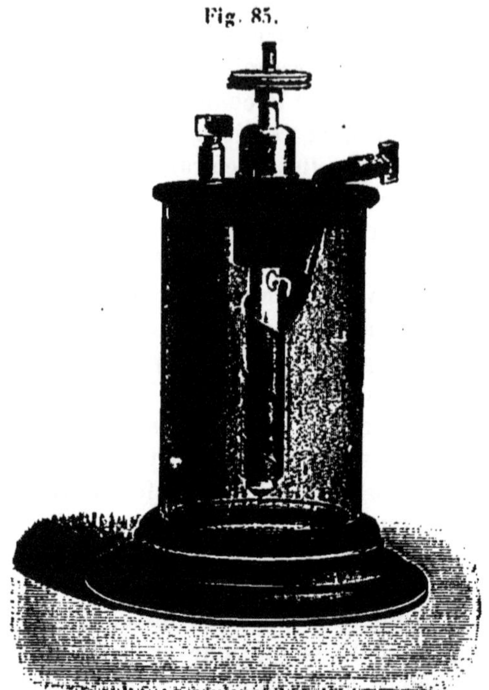

réaliser; par exemple, en radiographie, il peut être utile d'éviter au malade le bruit de l'interrupteur; on emploie alors des instruments dans lesquels sont disposées plusieurs anodes de platine de surfaces différentes (*fig.* 86), reliées à un tableau placé à proximité de l'opérateur. Une simple commutation suffit à introduire dans le circuit l'anode dont la surface est appropriée à l'expérience à faire.

Nous avons vu l'inconvénient de l'échauffement de l'électrolyte; afin de l'éviter, on emploie souvent un serpentin métallique plongé dans la cuve et traversé par un courant d'eau froide (*fig.* 87) ; on empêche ainsi l'échauffement d'atteindre la température où le phénomène cesse. Cette disposition, utile pour l'emploi prolongé, peut être avantageusement remplacée par l'usage d'un bac de grandes dimensions, lorsque la durée de l'emploi ne dépasse pas une heure.

Le système Jirotka Levy est destiné particulièrement aux expériences de longue durée ; il consiste à amener autour

Fig. 86.

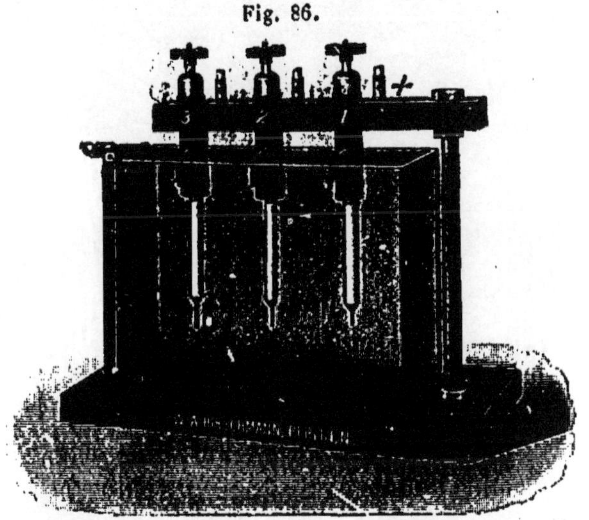

de l'anode un courant d'air qui la refroidit, chasse les bulles de vapeur et régularise l'action. L'anode est fixée à l'extrémité recourbée d'un tube de verre dont l'ouverture est assez large pour donner passage au courant d'air envoyé dans le tube par un petit ventilateur électrique. Ce système procure, paraît-il, une économie de courant.

Si, au contraire, on veut marcher à bas voltage (12 à 30 volts), on a avantage à employer l'électrolyte chaud. Le modèle de Carpentier (*fig.* 88), est disposé dans ce but ; il se compose d'une anode réglable montée dans un tube de verre et placée dans un vase de plomb formant anode. Le tout est recouvert d'une garniture en feutre et d'une

carcasse en bois, afin d'éviter le refroidissement. L'électrolyte étant introduit chaud (85° à 90°), ou chauffé sur place
par le fonctionnement à haute tension, on peut faire fonctionner l'interrupteur à très bas voltage, et l'on obtient des

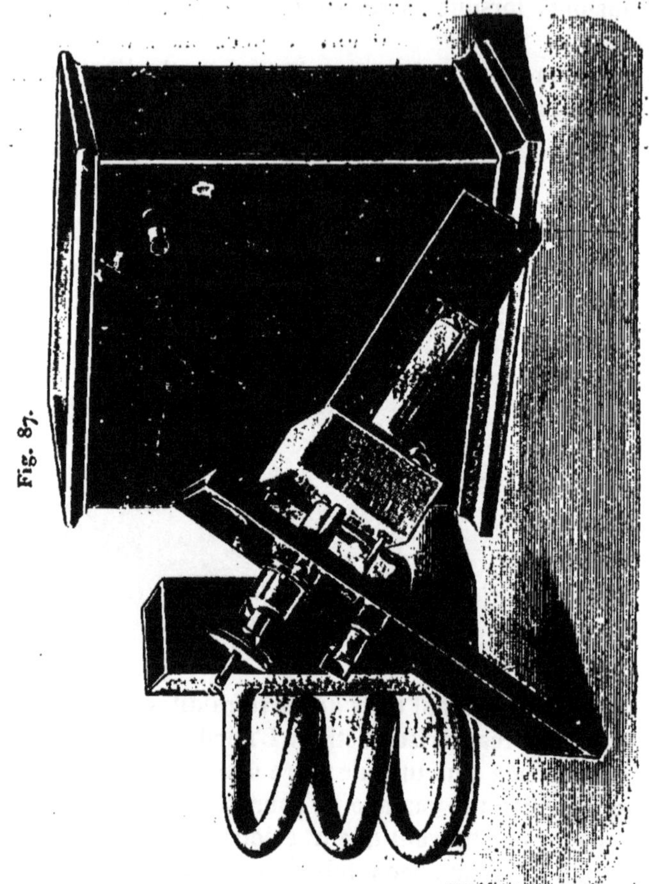

étincelles chaudes mais relativement peu fréquentes, analogues à celles données par les interrupteurs à mercure.

Le fonctionnement à bas voltage et à grande fréquence
peut être obtenu, d'après Rzewerski, en dirigeant un courant d'acide dilué sur l'anode, afin d'éviter la formation de

bulles gazeuses. Par ce moyen, cet auteur aurait obtenu
450 interruptions par seconde avec 24 volts.

Parmi les variantes du Wehnelt on peut citer celle de
J.-V. Pallich, qui forme l'anode d'un fil d'acier de 1^{mm}
à 2^{mm}, et la cathode avec un fil de cuivre de 3^{mm} à 4^{mm},
les deux électrodes étant enveloppées dans des tubes de
verre presque jusqu'au bout. Le fil d'acier s'use assez vite,
mais il suffit de le faire avancer dans son tube.

Le dispositif Gaiffe-Gallot est destiné à parer au déré-

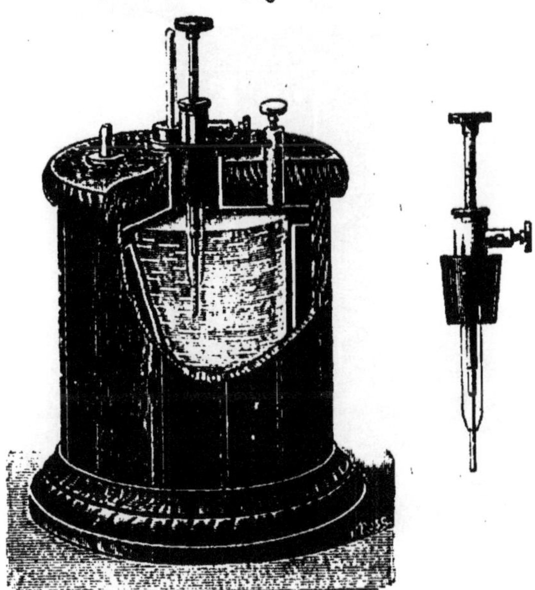

Fig. 88.

glage causé par l'usure de l'anode en platine, qui se produit
toujours avec le courant alternatif. Dans ce but, le fil de
platine passe librement dans la gaine isolante et vient
s'appuyer sur un support isolant, de sorte que sa longueur
est déterminée par la distance entre le support et l'extrémité de la gaine; cette distance peut d'ailleurs être réglée
à volonté en faisant monter ou descendre la gaine. Lorsque,
sous l'action du courant, le fil de platine s'use, il descend.

par la seule action de son poids, de façon à toujours buter
sur le support.

Les interrupteurs du genre Simon-Caldwell ont, comme
nous l'avons vu, l'avantage d'être symétriques; par suite,
ils se prêtent facilement à l'emploi des courants alternatifs
et ils donnent des intensités égales sur les deux phases.

Dans le modèle de la figure 89, une électrode de plomb

Fig. 89.

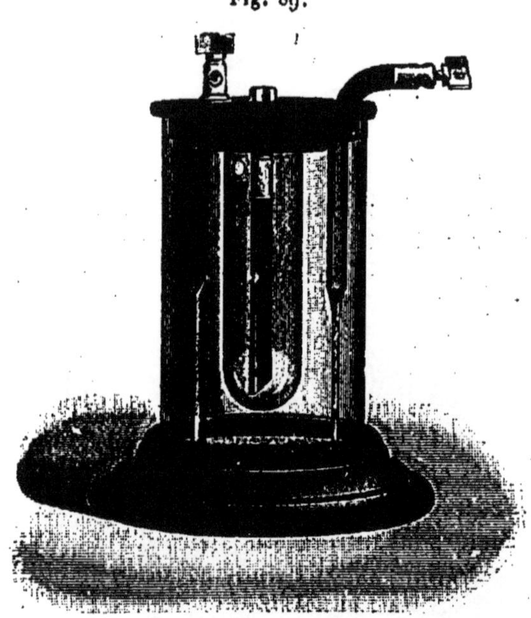

plonge dans la cuve extérieure, l'autre électrode est placée
dans un tube de porcelaine dont l'extrémité inférieure est
percée seulement de deux petits trous. Tout l'échauffement
se produit dans la partie étroite du conducteur électrolytique, c'est-à-dire dans les trous, il en résulte une désa-
grégation rapide de la porcelaine à cet endroit; le trou
augmente de diamètre, et il faut changer le tube.

Certains constructeurs remplacent le tube percé de trous
invariables par un trou plus grand dans lequel l'enfonce-

ment d'une aiguille conique en verre permet de régler l'ouverture.

Un fait très important, dont il faut toujours tenir compte,

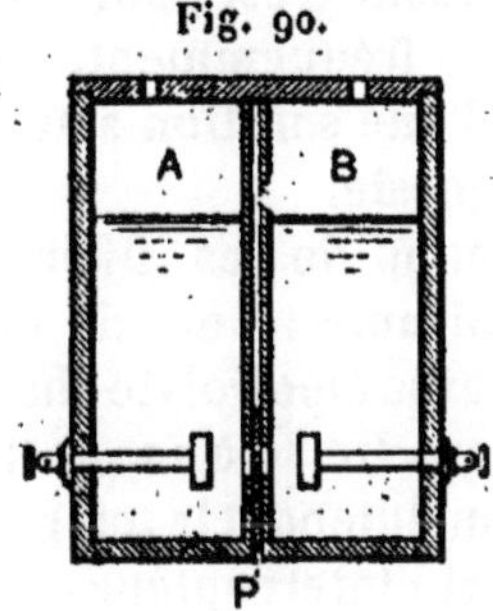

Fig. 90.

c'est que le liquide monte constamment dans le vase de petit diamètre ; il est donc indispensable de ménager un trop-plein qui reverse le liquide pour l'empêcher de se répandre au dehors.

Un modèle intéressant a été créé par Ruhmer, de Berlin ; il se compose de deux vases hémicylindriques, A et B (*fig.* 90) ; les deux parois planes sont percées chacune d'un trou qui établit la communication entre les deux vases. Un intervalle existe entre les deux parois planes, dans lequel on place des plaques de porcelaine P, également percées d'un trou correspondant à ceux des parois. On peut ainsi facilement faire varier la dimension des trous, en changeant la plaque de porcelaine, et l'on peut aussi remplacer celle-ci aisément quand l'usure a trop fortement modifié l'ouverture.

Les liquides que l'on peut employer dans les interrupteurs électrolytiques sont très nombreux. Le plus répandu, et celui qui donne les meilleurs résultats, est l'acide sulfurique étendu à 20° ou 25° Baumé ; cette solution a l'inconvénient de dégager en abondance, pendant le fonctionnement, des vapeurs acides très corrosives, ce qui en limite l'emploi aux laboratoires bien ventilés, ou exige que l'appareil soit bien clos afin que les vapeurs ne puissent se dégager que par un tube barbotant dans une solution alcaline.

Les solutions concentrées de potasse et de soude caustiques, qui ont été également recommandées, ne présentent pas cet inconvénient; mais les résultats obtenus sont moins bons qu'avec l'acide et l'on se trouve encore en présence d'un liquide très corrosif. C'est pour éviter cet inconvénient que l'on recommande fréquemment, dans les applications médicales, l'emploi d'une solution saturée d'alun ordinaire ou de sulfate de magnésie.

L'échelle d'application de ces différents dispositifs d'interrupteurs est la suivante : pour de faibles voltages, 10 à 30 volts, le Wehnelt avec électrolyte chaud, à la température voisine de l'ébullition. De 30 à 120 volts, le Wehnelt avec électrolyte froid, en maintenant la température par un refroidissement artificiel, si l'interrupteur doit fonctionner d'une façon continue. Enfin, au-dessus de 120 volts, l'interrupteur Simon Caldwell paraît préférable; il commence d'ailleurs à donner de bons résultats à partir de 50 volts.

§ 37. **Interrupteurs pour courant alternatif.** — Pour fonctionner sur courant alternatif, les interrupteurs doivent pouvoir se synchroniser avec la fréquence du courant employé. Ceux de ces appareils qui n'ont pas de période propre, le rupteur atonique Carpentier, par exemple, peuvent être réglés dans ce but; il suffit d'agir sur la tension du ressort de la palette ainsi que sur la tension initiale du ressort de contact; on arrive ainsi à obtenir soit une étincelle par période, correspondant à une seule des phases, soit une étincelle par phase. Ce réglage est assez délicat et un peu précaire; il arrive assez facilement, dans le cas où l'on a seulement une étincelle par période, qu'un raté change la phase sur laquelle se produit l'interruption et, par suite, change aussi le sens du courant induit.

M. Villard a construit un interrupteur spécial pour le courant alternatif (*fig.* 91). Le diapason qu'il emploie pour le courant continu est ici remplacé par une simple lame vibrante en fer, fixée à un bout et portant à l'autre la tige qui plonge dans le mercure; cette lame traverse un solé-

noïde parcouru par un courant alternatif pris sur la même
source que le courant à interrompre; elle est donc polarisée
alternativement dans un sens et dans l'autre et, comme elle
est montée entre les branches d'un fort aimant, elle est
attirée tantôt par une branche, tantôt par l'autre : elle vibre

Fig. 91.

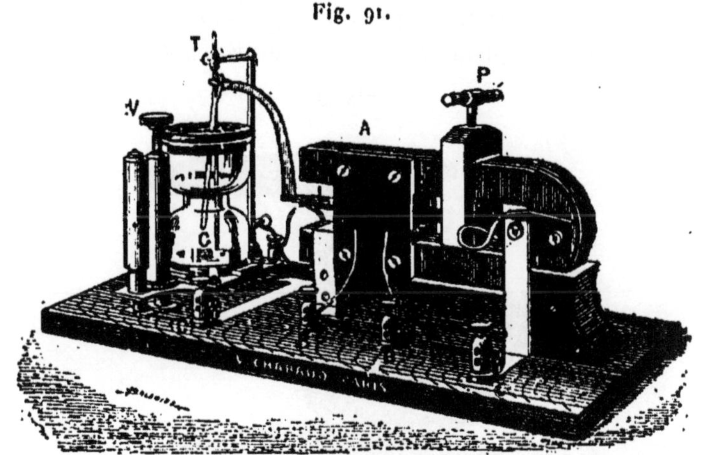

synchroniquement avec le courant alternatif. Le solénoïde
est alimenté par un petit transformateur, destiné à donner
au mouvement de la lame vibrante le retard nécessaire, afin
que la rupture du circuit se fasse toujours au moment où
l'intensité est maximum. Cet interrupteur ne produit qu'une
seule rupture par période; il agit donc comme un redres-
seur de courant.

Les interrupteurs turbines peuvent être mus par des
moteurs synchrones, de sorte que les interruptions se produisent régulièrement à chaque phase, ou, si l'on préfère
obtenir des décharges unilatérales, il suffit de supprimer la
moitié des dents sur lesquelles tombe le jet de mercure. La
société A. E. G. a ainsi réalisé un modèle de sa turbine
(*fig.* 92); le moteur est calé directement sur l'axe de la turbine, afin que les mouvements soient toujours bien en
concordance et le moteur tout entier peut tourner d'un
certain angle, par rapport à la turbine, afin de produire

l'interruption au moment du maximum de courant. Un volant avec manivelle sert à lancer le moteur.

Les interrupteurs électrolytiques fonctionnent sur courant alternatif comme sur courant continu, et c'est là un des plus grands avantages qu'on a invoqué en leur faveur. Cependant nous avons vu que le Wehnelt donne des effets très différents selon que le fil de platine est anode ou cathode. On se sert de cette propriété pour obtenir des décharges à peu

Fig. 92.

près unilatérales; en fait, dans bien des cas, on peut considérer ce résultat comme atteint, la phase où le platine est cathode étant à peu près supprimée; cette suppression n'est cependant pas assez complète pour la radiographie.

L'interrupteur Simon-Caldwell étant symétrique donne

des décharges égales à chaque phase; ces décharges sont alternatives et elles ne peuvent pas servir directement sur les tubes cathodiques.

Comme beaucoup de réseaux de distribution sont alimentés par des courants alternatifs, le problème de l'excitation des bobines par ces courants se pose pour beaucoup de personnes, en particulier pour les médecins. Indépendamment des interrupteurs fonctionnant directement sur courant alternatif, dont nous venons de citer quelques exemples, on a cherché des dispositifs permettant de charger des batteries d'accumulateurs sur ces réseaux pour s'en servir ensuite sur les bobines. Nous laisserons de côté la méthode très rationnelle qui consiste à transformer le courant alternatif en continu, au moyen de commutatrices ou de dynamos actionnées par des moteurs synchrones ou asynchrones; ces installations ne rentrent pas dans le cadre de ce travail. Nous examinerons quelques solutions approchées du problème, qui sont susceptibles de rendre service dans certaines applications.

Plusieurs dispositifs de redresseurs électromagnétiques du courant ont été proposés, entre autres celui de Koch, construit par Hirschmann. Ils reposent tous sur les propriétés des relais polarisés : une palette de fer doux, polarisée par un aimant permanent, est soumise à l'action de deux électros parcourus par le courant alternatif; chacun de ces électros attire successivement la palette puis la repousse quand le courant change de sens. Dans ce mouvement, la palette inverse les connexions du réseau avec les accumulateurs à charger, de sorte que ceux-ci reçoivent des courants variables, mais de même signe. Ces redresseurs exigent un réglage assez délicat : il faut que la phase du courant dans les électros soit telle que le renversement des connexions se fasse toujours au moment où la tension alternative passe par zéro, afin de bien utiliser l'énergie et pour éviter les étincelles à l'inverseur. Ce réglage s'obtient au moyen de bobines de self-induction et de condensateurs.

L'interrupteur Villard et la turbine pour courant alternatif

peuvent, si l'on retarde convenablement le moment de la
rupture du circuit, être employés dans le même but.

Une autre solution, plus simple comme emploi, est fournie
par les *clapets électrolytiques* dont la réalisation pratique
est due à M. Pollak. Lorsqu'on plonge dans un électrolyte
une lame de plomb et une lame d'aluminium, on observe
que le courant passe facilement dans le sens plomb-alumi-
nium, tandis qu'il exige une force électromotrice plus considérable pour aller dans le sens aluminium-plomb; autre-

Fig. 93.

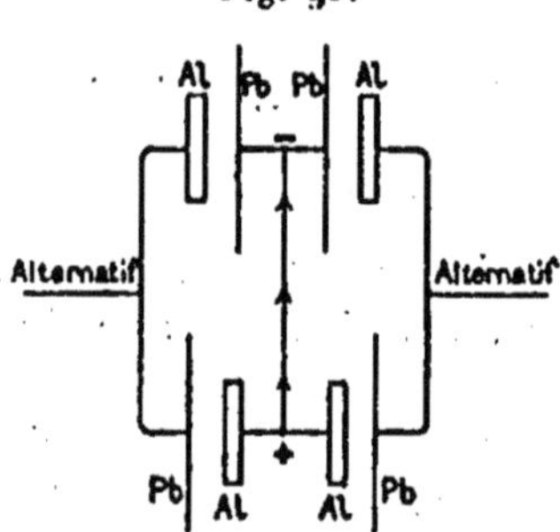

ment dit, l'aluminium anode oppose au passage du courant
une résistance insurmontable tant que la force électromotrice n'a pas dépassé une valeur qui varie de 20 à 200 volts,
selon la nature de l'électrolyte.

On conçoit qu'une cuve renfermant un semblable dispositif forme un véritable *clapet* pour courant alternatif, en
laissant passer seulement le courant d'une phase et en
arrêtant l'autre. Dans l'application, afin de mieux utiliser
l'énergie, en employant les deux phases, on dispose quatre
cuves semblables, selon le schéma de la figure 93; il est
facile de voir que le courant trouve toujours passage à tra-
vers deux cuves, et que la branche dans laquelle sont placés
les récepteurs est traversée par des courants interrompus
mais toujours de même sens. Divers électrolytes peuvent
être employés, mais on a plus fréquemment recours aux
phosphates alcalins. La pratique n'a pas encore sanctionné
l'usage de ces appareils; nous ne pouvons que les signaler.

CHAPITRE IX.

DISPOSITIFS SPÉCIAUX.

§ 38. Transformateur Tesla. — A côté de la bobine d'induction telle que nous l'avons vue jusqu'ici, il faut placer certains dispositifs spéciaux, qui en dérivent plus ou moins, mais qui ont ce point commun avec elle, de donner des décharges séparées, formées chacune d'une série d'oscillations amorties.

Avec les dispositifs à haute fréquence, dont Tesla a donné le principe, nous entrons dans une voie très importante. Nous ne nous étendrons pas longuement ici sur ce sujet et nous nous contenterons de donner les schémas des principaux systèmes et de dire comment on peut comprendre leur fonctionnement.

Le principe sur lequel s'est basé Tesla consiste à faire agir, dans un transformateur spécial, les courants de haute fréquence produits par la décharge d'un condensateur, ce dernier étant chargé au moyen d'une bobine d'induction ou d'un transformateur à basse fréquence et à haute tension. Les appareils peuvent être montés suivant les deux schémas suivants, tous deux indiqués par Tesla en 1891. Dans la première disposition, montage symétrique (*fig.* 94), les circuits 1 et 2 représentent soit une bobine d'induction, soit un transformateur industriel à haut voltage. La bobine charge deux condensateurs C et C', dont les armatures sont réunies par le primaire 3 du transformateur de haute fréquence. Un excitateur à étincelles AB est disposé entre les bornes du circuit 2, et les boules A et B sont assez rapprochées pour qu'il éclate entre elles de nombreuses étin-

Fig. 94.

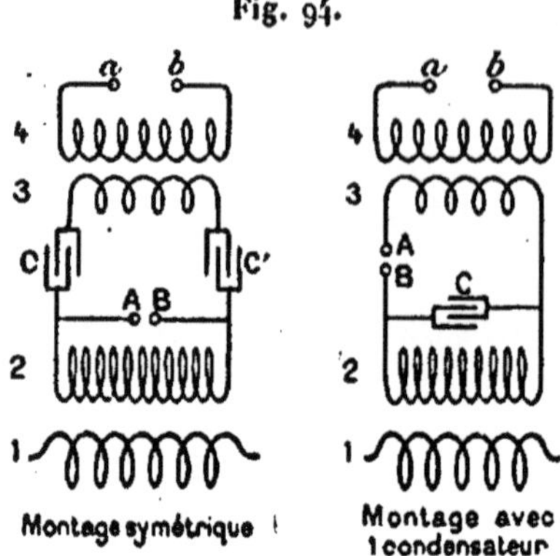

celles, mais des précautions sont prises pour que celles-ci
ne dégénèrent pas en un arc.

Essayons d'expliquer ce qui se passe dans un pareil sys-

Fig. 95.

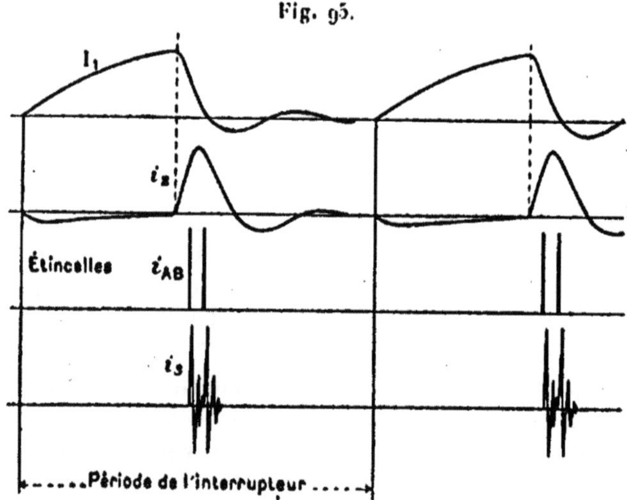

tème, en supposant que le transformateur 1, 2 est une
bobine d'induction ordinaire. La figure 95 est un schéma

A.

très grossier du phénomène. Pendant l'établissement du courant primaire I_1, un faible courant secondaire i_2 se développe, mais, comme nous l'avons vu, sa tension est insuffisante pour produire une étincelle entre A et B. Au moment de la rupture, le courant induit i_2 prend la forme connue : des oscillations de l'ordre du centième ou du millième de seconde, rapidement amorties, prennent naissance dans le circuit 2, viennent charger les condensateurs C et C' et circulent en même temps dans le circuit 3 qui relie C et C'. Quand les condensateurs sont chargés à un potentiel suffisant, une étincelle éclate entre A et B et produit une variation brusque de la charge des condensateurs.

A ce moment, des oscillations très rapides prennent naissance dans le circuit 3; elles ont une période déterminée par la capacité des condensateurs C et C' et par la self-induction du circuit 3 ; ces oscillations sont amorties, elles peuvent être complètement éteintes au moment où se produit l'étincelle suivante entre A et B. A chaque rupture du courant I_1, il peut y avoir un plus ou moins grand nombre d'étincelles en AB, chacune d'elles donnant naissance à un groupe d'oscillations analogue et le courant en 3 affecte probablement une forme semblable à i_3.

Le courant induit i_2 n'a évidemment pas la forme régulière indiquée ici ; à chaque étincelle en AB, la courbe du courant de rupture doit présenter un crochet analogue à ceux que montre l'oscillographe (*fig.* 31). L'intensité des courants instantanés i_{AB}, qui passent à chaque étincelle, doit être considérable vis-à-vis de l'intensité i_2; en effet, les étincelles en AB ont une durée extrêmement courte, elles sont peut-être oscillantes, mais leur période est infiniment plus courte que celle des oscillations de i_3, car la self-induction du circuit de décharge est beaucoup plus petite que celle du circuit 3. Il n'est pas exagéré de dire, car l'expérience le prouve, que l'intensité *instantanée* dans l'étincelle peut atteindre, dans certains cas, plusieurs centaines d'ampères, alors que le maximum de i_2 n'atteint pas un ampère. La différence entre les intensités instantanées vient uniquement de la différence de durée des phénomènes.

Le courant de haute fréquence développé dans le circuit 3 est, plus exactement, un courant de très courte période, car il est facile de voir que la durée du phénomène utile (celle du courant i_3) est une fraction très petite du temps total. La nécessité de montrer les différentes phases du phénomène nous a obligé à altérer fortement la figure 95 ; nous allons essayer de rétablir des proportions plus vraisemblables. Supposons que l'interrupteur employé ait une fréquence de 5o par seconde, soit une période de 0,02 seconde ; une bobine ordinaire, avec une capacité comme celles que l'on emploie couramment pour les courants de Tesla, donne une période d'oscillation secondaire de l'ordre de 0,005 seconde (0,01 à 0,001 seconde environ). Les étincelles en AB ne se produisent que pendant la première demi-oscillation de i_1, et il faut que le potentiel soit supérieur à une certaine valeur pour qu'elles éclatent ; le phénomène utile dure donc moins longtemps que cette demi-oscillation ; nous pouvons dire, sans exagération, que sa durée est très inférieure à 0,001 seconde, soit, dans ce cas, beaucoup moindre que $\frac{1}{20}$ du temps total. Étant données les longueurs moyennes et la capacité du circuit 3, les oscillations qui s'y développent sont probablement de l'ordre du *millionième* de seconde. Nous n'avons aucune idée sur la grandeur de l'amortissement dans ce circuit ; d'après le calcul, il serait très faible, mais il est probable qu'il existe d'autres causes de perte d'énergie que l'effet Joule, le rayonnement électrique par exemple.

La force électromotrice induite dans le circuit secondaire du Tesla (circuit 4) a la même forme que i_3, mais elle est en retard d'un quart de période sur ce courant.

La seconde disposition indiquée par Tesla (*fig.* 94) ne comporte qu'un seul condensateur et l'étincelle est en série avec la bobine 3. Le fonctionnement de ce dispositif est très sensiblement le même que celui du premier. Les deux

montages donnent, en résumé, des résultats très peu différents, mais le premier présente, au point de vue de la
sécurité, l'avantage que l'on peut impunément toucher au
circuit 3. Au cas où il se forme un arc entre A et B, la
bobine 3 peut se trouver portée à un voltage dangereux
dans le cas du second montage, tandis qu'elle se trouve
isolée du circuit à basse fréquence et à haute tension,
lorsqu'on emploie le montage symétrique.

Le transformateur de Tesla se compose essentiellement
d'un circuit primaire formé de quelques spires de gros fil;
le diamètre de ces spires peut atteindre entre 5^{cm} et
20^{cm}. Le secondaire, en fil un peu plus fin, renferme un
plus grand nombre de tours de fil. Le rapport entre les
nombres de tours varie selon les applications; il peut aller
de 2 à 20; on dépasse rarement ce dernier chiffre. Les deux
circuits doivent être bien isolés l'un de l'autre et constitués
par des fils assez gros et couverts d'une couche épaisse
d'isolant. L'isolement entre les deux circuits est souvent
obtenu à l'aide d'un tube de verre. L'ensemble est généralement plongé dans l'huile afin d'augmenter l'isolement et
pour éviter les pertes d'énergie par rayonnement.

Il peut paraître étonnant, de prime abord, que d'aussi
faibles coefficients de transformation permettent d'obtenir
des tensions aussi considérables au secondaire; on sait, en
effet, qu'avec une étincelle de quelques millimètres seulement en AB, on obtient facilement 20^{cm} et 25^{cm} d'étincelles entre a et b, avec un coefficient de transformation
de 3 à 4 seulement. Ce phénomène est assez facile à expliquer : à chaque étincelle en AB, des oscillations se développent dans le circuit 3 et une très grande force électromotrice de self-induction prend naissance dans ce circuit;
les condensateurs CC' se chargent et leur différence de
potentiel est, à chaque instant, égale et opposée à la force
électromotrice du circuit 3. On a, abstraction faite de
l'amortissement des oscillations et en appelant U la différence de potentiel entre A et B, u la différence de potentiel
au condensateur, e, la force électromotrice de self-induction

et R la résistance du circuit :

$$\omega^2 CL = 1, \qquad i_{AB} = \frac{U}{R}\sin\omega t,$$

$$u = \frac{1}{\omega CR}\,U\sin\left(\omega t - \frac{\pi}{2}\right),$$

$$e_s = \frac{\omega L}{R}\,U\sin\left(\omega t + \frac{\pi}{2}\right).$$

Il est facile de voir que, plus R est petit, plus le rapport de u et e_s à U est grand. Dans les transformateurs à haute fréquence, la force électromotrice qui est multipliée par le coefficient de transformation est celle qui se développe dans le circuit 3, c'est e_s et non pas la différence de potentiel U appliquée aux bornes des condensateurs CC'; la grandeur de U intervient seulement pour déterminer la longueur de l'étincelle en AB, et il peut exister entre les spires extrêmes du circuit 3 une différence de potentiel beaucoup plus élevée. On peut, par exemple, placer un excitateur à étincelles en dérivation sur le circuit 3 et obtenir entre a et b (*fig.* 96) des étincelles de plusieurs centimètres de lon-

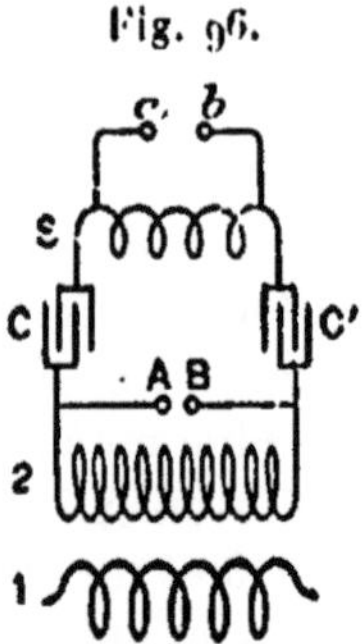

Fig. 96.

gueur. M. d'Arsonval emploie ce dispositif; il supprime le secondaire de Tesla et il utilise seulement les différences de potentiel qui existent entre les spires du solénoïde à gros fil et à petit nombre de tours qui forme le circuit S. Les résultats obtenus dans ces conditions sont absolument identiques à ceux que donne le Tesla, ils ne diffèrent que par la tension, qui est, naturellement, un peu plus faible.

Que l'on emploie les dispositifs de Tesla ou de d'Arsonval, une condition essentielle doit être remplie : les étincelles en AB doivent être des étincelles blanches, crépitantes; il faut, avant tout, éviter la formation d'un arc. Cette condition exige l'emploi de procédés spéciaux, car, avec les faibles distances que l'on a généralement entre A et B, l'air s'échauffe très vite et la haute tension du circuit 2 tend à établir l'arc.

L'un des moyens employés au début, par Tesla, consistait à souffler l'étincelle à l'aide d'un fort courant d'air dirigé par un ajutage spécial entre les boules AB. Le second moyen repose sur l'action d'un champ magnétique sur un courant; c'est le soufflage magnétique. Les boules AB sont placées entre les pôles d'un fort aimant ou électro-aimant, les lignes de force étant perpendiculaires à la direction des étincelles; il faut protéger les pôles de l'aimant contre les décharges au moyen de fortes plaques de mica. Le soufflage magnétique est plus dispendieux que le soufflage par l'air; ce dernier a été beaucoup simplifié par M. d'Arsonval qui, au lieu d'insuffler l'air entre les boules fixes de l'excitateur, déplace l'étincelle dans l'air. Dans le système d'Arsonval, les boules AB, ou les tiges qui les remplacent, sont montées sur un petit moteur électrique qui leur fait décrire une circonférence de 10^{cm} à 20^{cm} de diamètre; les étincelles éclatent ainsi à des points différents et la durée d'un tour est suffisante pour que l'air échauffé par une étincelle reprenne la température ambiante avant qu'une nouvelle étincelle vienne éclater au même point.

Une autre disposition, préconisée par MM. d'Arsonval et Gaiffe, consiste à intercaler entre les bornes du circuit 2 (*fig.* 96) un condensateur auxiliaire et à relier les mêmes bornes à l'excitateur AB au moyen de deux résistances.

Une condition importante, pour éviter la formation de l'arc, c'est de tenir les boules de l'excitateur à étincelles aussi bien polies que possible; chaque étincelle corrode la surface où elle éclate et les rugosités ainsi produites facilitent le passage des décharges en abaissant le potentiel explosif, ce qui amène plus rapidement la formation de l'arc.

Dans la plupart des systèmes à haute fréquence, la longueur du circuit 4 est de l'ordre de la longueur d'onde des oscillations développées dans le circuit 3 ; si, par un réglage convenable de la capacité CC', on obtient que la longueur d'onde soit égale à quatre fois la longueur du circuit 4, il se développe dans celui-ci des ondes stationnaires (*fig.* 97, A) ; si l'un des points extrêmes est relié à la terre,

Fig. 97.

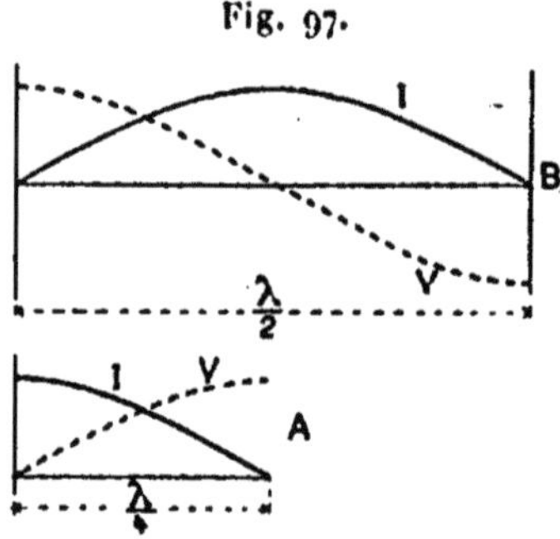

son potentiel V est nul, mais il est traversé par l'intensité maximum ; au contraire, au bout libre du circuit, l'intensité est nulle, mais le potentiel est maximum. Quand la résonance des circuits 3 et 4 n'est pas obtenue, la différence de potentiel obtenue entre les boules *ab* est plus faible ; on a donc avantage à accorder les deux circuits pour obtenir les effets les plus grands avec la moindre dépense d'énergie (**B.** nº 48).

§ 39. **Résonateurs.** — Des dispositifs, dérivés du Tesla et très employés aujourd'hui par les médecins, sont connus sous le nom de *résonateurs*. Bien que les effets qui s'y produisent soient assez complexes, on peut les assimiler à des transformateurs Tesla dont les circuits sont simplement isolés dans l'air et dans lesquels l'accord entre les circuits primaire et secondaire est exactement réglé.

Le premier en date, le résonateur du Dr Oudin (*fig.* 98), se compose d'un grand solénoïde S, formé d'environ 50 à 100 spires de gros fil de cuivre nu, enroulées sur un châssis en bois et séparées les unes des autres par quelques millimètres d'air. L'une des extrémités, A, du solénoïde est reliée invariablement au condensateur C, tandis que le second condensateur C' est relié à un curseur O, qui peut se déplacer le long des premières spires du résonateur. On voit aisément ce qui peut se passer dans ces conditions : par un déplacement convenable du point O, on règle la self-induction du circuit AO de telle sorte que les oscilla-

Fig. 98.

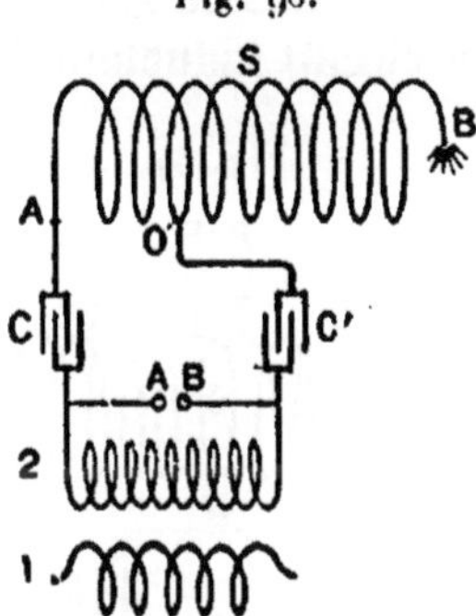

tions qui s'y développent aient une longueur égale à quatre fois la longueur du circuit restant entre O et B. L'induction qui se produit entre les spires de la partie AO et celles de la partie OB détermine la production, dans celles-ci, d'ondes stationnaires ; le potentiel en B est maximum, on voit des aigrettes se former en ce point et, si l'on en approche un conducteur, des étincelles, longues de plusieurs centimètres, y éclatent. Si le point O est à la terre, on a à peu près la loi de distribution du potentiel et du courant représentée par la figure 97, A ; mais, si l'on vient à toucher l'un des points du circuit, l'équilibre est rompu. Dans cet appareil, l'effet obtenu est la résultante de deux actions :

d'une part, l'induction des spires de la partie AO sur celles
de la partie OB et, d'autre part, l'oscillation engendrée
dans la partie OB par la variation d'intensité au point O;
si la partie AO était placée de telle sorte que l'induction
mutuelle entre AO et OB soit nulle, le phénomène subsis-
terait, mais il serait considérablement amoindri; de même
il serait possible, une fois l'accord établi, de couper le solénoïde au point O, sans faire cesser le fonctionnement de
l'appareil.

Afin de permettre d'utiliser le mieux possible l'intensité
considérable qui traverse le nœud du potentiel d'un résonateur, sans rien changer au réglage de la résonance, le
capitaine Ferrié a fait réaliser un dispositif symétrique,
dans lequel le circuit résonant a une longueur égale à la
demi-longueur d'onde. Dans ce système, qui rappelle exactement le Tesla, le circuit inducteur D (*fig.* 99) est formé

Fig. 99.

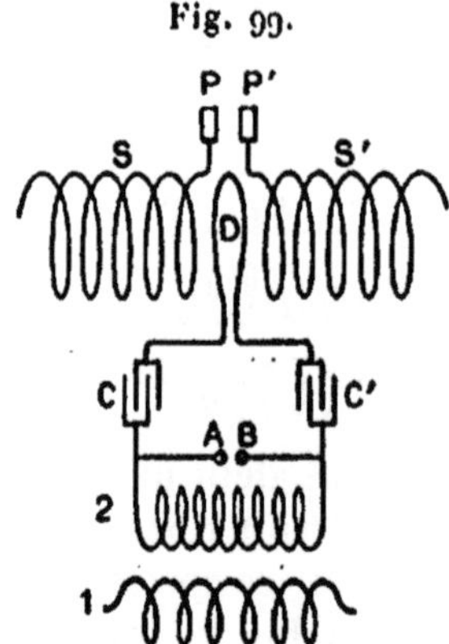

par une seule spire, de la même grandeur que les spires
induites du solénoïde S, mais complètement isolée de
celles-ci. Le solénoïde S est coupé en deux parties égales
et la jonction entre les parties est obtenue à l'aide du corps
que l'on veut soumettre à l'action des courants de haute fréquence; les poignées PP', ou des conducteurs appropriés,
servent à cette connexion. Pour amener la longueur des

oscillations primaires au double exactement de la longueur du fil du solénoïde, on règle la capacité des condensateurs CC'. La distribution du potentiel dans les deux moitiés du solénoïde S est symétrique (*fig.* 97, B), les poignées PP' sont à un potentiel nul, de telle sorte que le corps électrisé peut n'être pas isolé du sol, on peut le toucher sans éprouver aucune sensation désagréable, contrairement à ce qui a lieu dans les systèmes où le corps électrisé est porté à un potentiel quelconque; enfin, l'intensité est maximum aux points PP' où il faut produire l'effet utile. Dans ce système on règle la résonance d'une façon invariable, afin de rester toujours dans les conditions les plus favorables, mais, afin de faire varier l'intensité du courant selon les besoins, on déplace la boucle inductrice D de façon à faire varier le coefficient d'induction mutuelle entre D et SS'.

Dans les résonateurs, la perte d'énergie est considérable, car les oscillations se développent dans des circuits à l'air libre, présentant une grande surface, il se produit, autour d'eux, un rayonnement d'énergie intense; c'est ce que Tesla avait cherché à éviter en noyant ses transformateurs dans l'huile.

§ 40. **Dispositifs divers**. — Dans la bobine d'induction ordinaire on emmagasine l'énergie dans le primaire, pour la retrouver, en partie, à la rupture du circuit. On peut aussi emmagasiner l'énergie sous la forme statique, en chargeant le condensateur à un potentiel suffisamment élevé et en le déchargeant dans le circuit primaire de la bobine. Cette disposition paraît avoir été employée, pour la première fois, par Norton et Lawrence (**B**. n° 31); leur procédé consistait à charger un condensateur de grande capacité, C (*fig.* 100-1), sur un circuit à voltage élevé, E. et à le décharger ensuite dans le primaire de la bobine au moyen d'un commutateur tournant **K**, actionné par un moteur électrique.

Quelque temps après, Tesla (**B**. n° 36), proposait un

système analogue dans lequel le commutateur tournant était remplacé par un appareil automatique composé d'un électro S (*fig.* 100-2), traversé par le courant de charge du condensateur. Pendant la charge l'électro S attire l'armature M, mais, dès que le condensateur est chargé, le courant cesse en S, le marteau M retombe et décharge C dans le primaire de la bobine.

Supposons le condensateur de capacité C chargé par une force électromotrice E, la quantité d'électricité qu'il renferme est CE; si la résistance du circuit primaire est R,

Fig. 100.

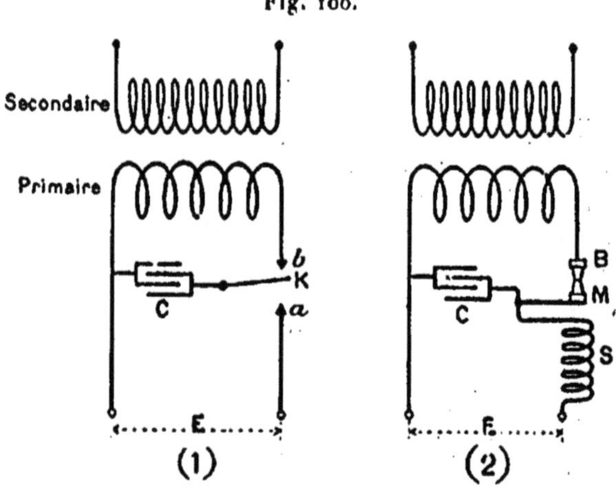

l'intensité I_t du courant au temps t, mesuré depuis le commencement de la décharge, est

$$I_t = \frac{2\,CE}{\beta}\, e^{-\frac{R}{2L}t} \sin \frac{\beta}{2LC}\, t,$$
$$\beta = \sqrt{4LC - R^2C^2};$$

nous admettons ici que la résistance du circuit est assez faible pour que la décharge soit oscillante. Comme nous l'avons fait déjà, nous pouvons négliger complètement la résistance du circuit, l'intensité I_t devient alors

$$I_t = E \sqrt{\frac{C}{L}} \sin \frac{1}{\sqrt{CL}} t.$$

La décharge développe dans le circuit secondaire une force électromotrice

$$M \frac{dI}{dt} = \frac{M}{L} E \cos \frac{1}{\sqrt{CL}} t,$$

dont le maximum se produit au commencement de la décharge, au temps $t = 0$; sa valeur est

$$\varepsilon_m = \frac{M}{L} E,$$

c'est-à-dire que la force électromotrice induite est proportionnelle au voltage de charge du condensateur, multiplié par le coefficient de transformation de la bobine. Il est donc important d'augmenter ce coefficient, si l'on veut, à voltage primaire constant, augmenter la longueur d'étincelles. Bien que la capacité n'entre pas dans l'expression de la force électromotrice, il est nécessaire d'en tenir compte en pratique, car, si elle est trop faible, l'énergie mise en jeu disparaît entièrement dans les pertes : effet Joule, hystérésis, aigrettes, etc.

Lorsqu'on dispose de capacités suffisamment grandes, il est préférable de les charger en parallèle et de les décharger en série; si, par exemple, on a m condensateurs de capacité C', la force électromotrice induite maximum sera égale à

$$\varepsilon'_m = m \frac{M}{L} E.$$

La nécessité d'employer des condensateurs de grande capacité, conservant suffisamment la charge et capables de résister à des voltages élevés, fait que la méthode ne s'est pas répandue; l'avantage que l'on peut en tirer est d'ailleurs plus apparent que réel; l'expérience montre que l'énergie dépensée dans les deux cas est sensiblement la même. Le seul avantage un peu sérieux que l'on pourrait trouver à ce dispositif, c'est de permettre l'emploi des courants à 100, 220 volts et au-dessus, sans faire usage de rhéostats qui sont la cause d'une grande perte d'énergie.

Enfin, nous mentionnerons une disposition indiquée par E. Thomson (**B.** n° 35), qui diffère un peu de la bobine classique, mais qui ne paraît pas avoir été appliquée. Cette disposition consiste à faire passer le courant d'un circuit de distribution ordinaire, c'est-à-dire à plus de 100 volts, dans un premier enroulement, à fil relativement fin, et à rompre ce circuit à l'aide d'un interrupteur tournant. La rupture engendre un courant intense dans un second circuit à *gros fil* et ce courant est rompu à son tour par le contact tournant. En choisissant convenablement le moment de la rupture du courant intense, on développe, dans un troisième circuit à fil très fin, une force électromotrice très élevée. Il est difficile de juger, sans expérience, la valeur d'un semblable procédé.

CHAPITRE X.

APPLICATIONS DES BOBINES.

§ 41. Installation et réglage des bobines. — La source
de courant dont on dispose détermine souvent le choix de
la bobine, ou, tout au moins, de l'interrupteur; réciproquement, étant donnée une bobine destinée à un usage
connu, il faut choisir la source de courant à employer.

Lorsqu'on a à sa disposition une distribution d'énergie
électrique à 110 ou 220 volts, en courant continu, on peut
facilement actionner les plus grosses bobines en employant
un interrupteur à liquide ou un interrupteur électrolytique;
il est moins facile, dans ces conditions, de faire fonctionner
une petite bobine munie d'un interrupteur sec.

Si l'on veut alimenter, à l'aide d'un réseau de distribution,
une bobine fonctionnant à bas voltage (moins de 30 volts,
par exemple), on peut placer entre les conducteurs deux
rhéostats A et B, en série (*fig.* 101), et mettre la bobine
en dérivation sur l'un d'eux. On peut déterminer les résistances A et B à choisir en partant des données suivantes :
la bobine doit fonctionner sous une différence de potentiel
maximum U_1, inférieure à la tension du réseau ; d'autre part,
le bon fonctionnement de la bobine exige que l'intensité, au
moment de la rupture, soit au moins égale à I_0. Il est facile
de montrer que ces conditions sont remplies si l'on fait :

$$A = E \left(\frac{1}{I_0} - \frac{R}{U_1} \right),$$

$$B = A \frac{U_1}{E - U_1}.$$

Les deux rhéostats doivent être capables de supporter
des intensités dont le maximum est, pour A,

$$I_A = I_0 \frac{B + R}{B},$$

et, pour B,

$$I_B = \frac{U_1}{B}.$$

Dans ces conditions, la différence de potentiel U varie
entre U_1 et $U_0 = RI_0$, de sorte que l'établissement du courant est plus long que sur un circuit dont la force électromotrice constante serait U_1. Afin d'échapper à ce défaut,

Fig. 101.

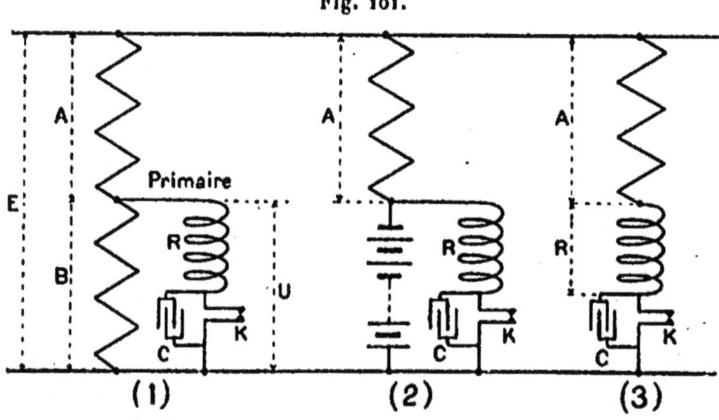

il faut calculer A et B en partant d'une valeur un peu
supérieure à celle que l'on veut atteindre, en faisant, par
exemple, I_0 d'un quart plus grand que la valeur nécessaire.

Cette solution est coûteuse; il vaut mieux, toutes les fois
que la chose est possible, faire usage d'accumulateurs que
l'on charge sur le réseau et qui peuvent même rester sur
le circuit de charge pendant l'emploi (*fig.* 101-2); la
dépense d'énergie est alors la même, aux pertes des accumulateurs près, que celle que donne l'emploi d'un seul
rhéostat A avec un interrupteur à mercure (*fig.* 101-3).

Lorsque, sur des circuits de distribution à courant continu, on branche une bobine avec un interrupteur à mercure, nous avons vu qu'il était utile de limiter l'intensité du courant maximum au moyen d'un rhéostat (*fig.* 101-3), ou d'un disjoncteur, afin d'empêcher, en cas d'arrêt de l'interrupteur ou de trop longue durée du contact, la détérioration de la bobine ou du circuit. L'emploi du disjoncteur est préférable au point de vue du rendement, mais son fonctionnement n'est pas toujours sûr et l'on peut être obligé de se servir d'un rhéostat; il faut alors donner à celui-ci une résistance telle que l'intensité dépasse sensiblement la limite I_0, afin que cette valeur soit atteinte assez rapidement. Plus rapide est le mouvement de l'interrupteur, plus faible doit être la résistance intercalée, si l'on veut toujours couper sous l'intensité I_0; il en résulte que pour une certaine vitesse la résistance n'est plus suffisante pour protéger la bobine en cas d'arrêt, il faut avoir recours au disjoncteur ou à un plomb fusible; ce dernier moyen est encore moins sûr, parce que l'intensité à laquelle fond un plomb est très irrégulière et, de plus, le remplacement du fil fusible est plus long que le simple réenclenchement du disjoncteur.

A l'exception du rhéostat de réglage, toutes les parties du circuit doivent avoir une résistance aussi faible que possible; on devra choisir, pour faire les connexions, du fil assez gros et bien isolé; le fil couvert de caoutchouc, dont on se sert couramment pour les installations d'éclairage, est très bon pour cet usage; un diamètre de 2^{mm} convient très bien pour les bobines ordinaires qui absorbent un courant moyen de 5 à 10 ampères au plus.

Lorsque l'installation comporte l'emploi d'un condensateur primaire séparé de la bobine, il faut avoir soin d'établir les connexions entre le condensateur et l'interrupteur au moyen de fils gros et courts, en évitant de rouler ceux-ci en boudins; cette précaution a une importance capitale.

Le régime auquel doit être soumis une bobine dépend de la durée de son emploi. Une bobine capable de supporter un courant moyen de 15 ou de 20 ampères pendant quelques minutes, ne devra généralement pas travailler à plus de 5 ampères d'une manière continue, à cause de l'échauffement du circuit primaire et du noyau de fer. Il ne faut pas oublier que la plupart des bobines sont dans de très mauvaises conditions de refroidissement et qu'on risque de les détériorer par l'échauffement. Le régime normal doit être indiqué par le constructeur, ou, à défaut, déterminé expérimentalement de la façon suivante : on met la bobine en marche à un certain régime et l'on mesure, au bout de temps connus, la résistance du primaire, en interrompant la marche pendant le temps juste nécessaire ; quand cette résistance a augmenté de 20 pour 100, ce qui correspond à 50° d'élévation de température, il faut arrêter l'essai et attendre le refroidissement. Selon la rapidité de variation de la température, on voit si l'on est plus ou moins près du régime convenable à l'application que l'on a en vue.

Le sens du courant primaire dans la bobine n'a généralement aucune importance, il est uniquement déterminé par le sens du courant induit que l'on veut obtenir. Pour reconnaître la direction de celui-ci, on peut faire éclater l'étincelle entre pointe et plateau, comme nous l'avons vu, ou observer l'étincelle entre deux boules ou deux fils, on voit une partie plus blanche du côté du pôle négatif ; ce dernier moyen ne peut être employé que quand la bobine fournit des étincelles non condensées, de teinte rouge ou jaune.

Avec les ampoules de Röntgen, on reconnaît le sens du courant à l'aspect de l'ampoule elle-même, mais le moyen est peu recommandable ; il vaut mieux ne faire les connexions qu'après s'être assuré, par les moyens précédents, du sens du courant induit ; on évite ainsi la détérioration de l'ampoule.

Dans un certain nombre d'applications : télégraphie sans fil, radiographie à l'intérieur des corps vivants, etc., on est obligé de mettre un pôle à la terre ; la question se pose de savoir dans quelles limites cette opération peut se faire sans danger. D'après ce que nous avons vu, l'isolement entre le

primaire et le secondaire est au moins susceptible de résister à une longueur d'étincelles moitié moindre que celle
que donne la bobine, puisque c'est la tension normale
à laquelle est soumis cet isolant; mais, si l'on met un des
pôles secondaires à la terre, la tension peut doubler.

Si la mise à la terre doit se faire, tout en conservant la
longueur d'étincelles maximum, l'opération est dangereuse,
à moins que la bobine ait été construite spécialement pour
cela. Dans la plupart des applications, la mise à la terre
peut se faire sans danger, parce que la tension employée
dans ce cas est de beaucoup inférieure à celle que doit
supporter l'isolant dans le régime à longues étincelles.
Prenons, comme exemple, une bobine de 40^{cm} d'étincelles
reliée à une antenne pour la télégraphie sans fil ; grâce à la
capacité de l'antenne, on obtiendra rarement plus de 10^{cm}
d'étincelles entre les boules du déflagrateur; par suite,
l'isolant ne courra aucun danger du fait de la mise à la terre
du pôle opposé à l'antenne. Il en sera de même si l'on veut
exciter une ampoule de Röntgen, dont l'étincelle équivalente est de 10^{cm}, avec une bobine donnant 25^{cm} d'étincelles.
D'une manière générale, on a toujours le droit de mettre
un pôle à la terre, lorsque la tension limite à obtenir correspond à la moitié de la tension maximum que peut
donner la bobine ; au delà de cette limite, il faut prendre
des bobines construites spécialement.

Toutes les bobines symétriques, lorsqu'un de leurs pôles
est mis à la terre, montrent un changement d'aspect dans
l'étincelle ; celle-ci devient plus blanche, plus bruyante, à
cause de l'augmentation de capacité du secondaire ; elle se
rapproche de l'étincelle des bobines unipolaires.

On peut quelquefois être amené à coupler plusieurs
bobines ensemble, afin d'augmenter la puissance disponible ; il n'y a pas de règle précise à formuler dans ce cas.
Si les bobines étaient parfaites, il serait complètement
indifférent de les réunir en tension ou en parallèle, puisque
l'énergie disponible de chacune devrait s'ajouter à celle des
autres, il n'y aurait qu'à tenir compte des circuits extérieurs.

En réalité, les phénomènes sont plus complexes et il semble que le groupement en parallèle des secondaires est plutôt défavorable à cause des inégalités inévitables des bobines. Même dans le cas où l'on cherche à obtenir une augmentation d'intensité, comme, par exemple, pour la charge des grandes capacités, le montage en série semble donner de meilleurs résultats.

Lorsqu'on veut augmenter la tension par l'emploi de deux bobines, il faut tenir compte de l'isolement des bobines elles-mêmes; le groupement n'est possible que pour les petites bobines dans lesquelles l'isolement entre le primaire et le secondaire est généralement supérieur à ce qui est strictement nécessaire. Avec les grosses bobines, on ne peut, sans danger, dépasser pour chacune la tension limite que l'on adopte dans le cas de mise à la terre d'un des pôles.

Les circuits primaires des bobines doivent être de préférence réunis en série, parce que les interrupteurs supportent mieux une augmentation de voltage qu'une augmentation d'intensité; cependant, si l'on dispose d'une batterie d'un nombre limité d'éléments à grand débit, il est impossible de faire autrement que de réunir les primaires en parallèle. Quel que soit le groupement adopté, il faut employer un seul interrupteur et l'on doit tenir compte du changement de la self-induction qui oblige à faire varier la capacité du condensateur, afin de rester dans les conditions les plus favorables. Pour obtenir un effet utile supérieur, il faut, bien entendu, que l'énergie totale, absorbée dans les primaires réunis, soit supérieure à celle que peut absorber une seule bobine.

Le réglage des interrupteurs est un point capital, sur lequel il n'est malheureusement pas possible de donner d'indications générales. En se reportant au Chapitre VIII, on se rendra compte de la variété des modèles et l'on trouvera quelques indications sur leur emploi; il faut se rappeler que le réglage des interrupteurs est, avant tout, une affaire de tâtonnement et d'expérience, et il est toujours préférable

de s'en rapporter aux instructions données par le constructeur.

§ **42. Charge des grandes capacités.** — Cette application
se présente aujourd'hui fréquemment pour la télégraphie
sans fil et les ondes hertziennes en général, pour la production des courants de Tesla, et enfin pour la spectroscopie.

Lorsqu'une bobine doit charger une grande capacité et
fournir une étincelle à chaque rupture, le condensateur à
charger est relié directement aux bornes du secondaire; on
se trouve dans le cas prévu par les équations de Colley.
La théorie et l'expérience montrent que la longueur d'étincelles que l'on peut obtenir est d'autant plus réduite que
la capacité est plus grande. Si l'on veut déterminer à l'avance
les conditions dans lesquelles on doit se placer pour obtenir
un résultat donné, on peut, connaissant la self-induction
primaire, la capacité secondaire et le potentiel explosif qui
correspond à l'étincelle cherchée, se baser sur l'équation
du rendement propre donnée Chapitre VI; on obtient, pour
la différence de potentiel maximum u au secondaire :

$$u = \mathrm{l}_0 \sqrt{\rho_2 \frac{\mathrm{L}}{c}};$$

il faut se rappeler que ρ_2 est généralement plus petit que $0,5$.

Cette équation est en défaut lorsque la capacité secondaire est une *antenne*, parce que l'énergie rayonne dans
l'espace et qu'il est à peu près impossible de connaître le
rendement; l'équation ci-dessus n'est vraie que pour les
condensateurs.

Pour la charge des grandes capacités, il n'est pas nécessaire d'employer des bobines donnant de très grandes longueurs d'étincelles; il est préférable que le secondaire soit
enroulé en fil relativement gros afin d'obtenir une résistance faible. Entre deux bobines ayant le même coefficient
de self-induction primaire, on devra choisir celle qui a la
plus faible résistance secondaire, même lorsque, sans capacité, elle donne une étincelle plus courte.

Les bobines destinées à la télégraphie sans fil doivent, pour la raison ci-dessus, présenter, toutes choses égales d'ailleurs, une faible résistance secondaire ; elles doivent être très bien isolées, puisqu'elles fonctionnent toujours avec un pôle à la terre, et aussi parce que les courants de haute fréquence sont les plus destructeurs pour les bobines. Le plus faible défaut entre deux spires contiguës du secondaire peut passer inaperçu avec les décharges ordinaires et provoquer immédiatement un court-circuit avec les étincelles condensées.

Pour la spectroscopie on a aussi avantage à employer des bobines à faible résistance ; il n'est jamais nécessaire d'obtenir de longues étincelles, et il faut, au contraire, lorsqu'on ne fait pas usage d'étincelles condensées, obtenir une sorte d'arc très chaud.

Dans les laboratoires et dans les cours, on a quelquefois à charger de grosses batteries de jarres ayant une capacité

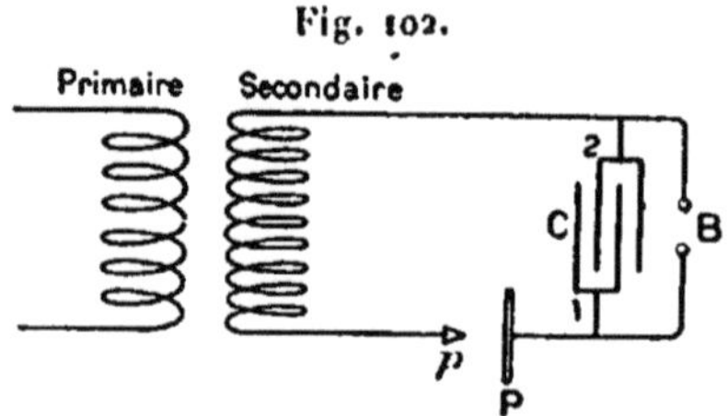

Fig. 102.

très élevée, et il est nécessaire d'obtenir des étincelles du même ordre de longueur que celles que peut donner la bobine seule. Dans ce cas, il est impossible de placer la batterie directement aux bornes du secondaire, car on obtiendrait une étincelle extrêmement courte ; il faut la charger au moyen de plusieurs étincelles successives, de façon à élever progressivement son potentiel jusqu'à la valeur nécessaire. Le dispositif à employer est celui de la figure 102. Les armatures *intérieures* 2 de la batterie de jarres sont, autant que possible, reliées au pôle négatif de la bobine (les pertes d'énergie par rayonnement sont

moins grandes dans ce cas); les armatures extérieures ı
sont reliées au pôle positif par l'intermédiaire d'un excitateur à pointe et plateau pP. La distance entre le point p
et le plateau P est assez longue pour que les étincelles qui
éclatent soient franchement blanches, qu'elles n'aient pas
l'aspect de chenille. A chaque décharge entre pP, le potentiel de la batterie s'élève; les étincelles, d'abord très nourries, deviennent plus grêles; puis, quand le potentiel
explosif correspondant à la distance B est atteint, une étincelle très bruyante et très lumineuse éclate en ce point; les
décharges en pP deviennent de nouveau plus intenses et la
batterie se recharge. Le nombre d'étincelles en pP, nécessaire pour obtenir une décharge en B, dépend de la capacité
de la batterie et de la distance explosive en B. La condition
essentielle à remplir, c'est que l'excitateur pP soit très
dissymétrique, afin d'empêcher la décharge de la batterie
dans la bobine.

§ 43. **Radiographie et radioscopie.** — La radiographie et
ses dérivés, que l'on comprend souvent sous le nom plus
général de *radiologie*, constitue aujourd'hui une des princi-
pales applications des bobines d'induction. Le sujet est trop
vaste pour être traité ici; il exige des développements qui
sortent du domaine de l'ingénieur, et, comme il existe de
nombreux et bons ouvrages sur ce sujet, nous nous contenterons de rappeler ici quelques-uns des points qui sont en
relation directe avec la bobine d'induction.

Si l'on place, en dérivation sur une ampoule cathodique,
un excitateur à étincelles, on reconnaît qu'il existe, pour
chaque degré de vide, une distance, entre les électrodes de
l'excitateur, pour laquelle la décharge se produit indiffé-
remment entre elles ou dans l'ampoule. Cette longueur
définit ce que l'on appelle la *résistance équivalente* du tube,
ou, plus exactement, l'*étincelle équivalente*. Comme la
nature des rayons émis varie avec le degré de vide, il faut
tenir compte exactement de la longueur de l'étincelle équivalente, et, pour cela, on doit la mesurer toujours au

moyen du même excitateur; celui-ci peut être constitué simplement par deux fils rigides placés aux bornes de la bobine et susceptibles d'être plus ou moins écartés. On peut aussi employer un excitateur à pointe et plateau, ce qui est un moyen excellent pour les installations provisoires, car cela permet de reconnaître le sens du courant avant de placer l'ampoule; cette dernière doit avoir sa cathode reliée au plateau, après que l'on a vérifié que l'étincelle va bien de la pointe au plateau. On doit toujours prendre la précaution de s'assurer du sens du courant avant d'établir les connexions, car l'inversion des pôles dans l'ampoule peut la détériorer.

D'une manière générale, on sait qu'un tube ayant une étincelle équivalente courte émet des rayons peu pénétrants, qui traversent difficilement les os et donnent, par conséquent, des épreuves heurtées, à grands contrastes. Au contraire, quand la longueur équivalente s'élève, les rayons deviennent de plus en plus pénétrants, les épreuves sont plus grises, mais on obtient des détails dans les os.

La longueur équivalente, mesurée entre fils, est, comme ordre de grandeur, comprise entre 2^{cm} ou 3^{cm}, et 10^{cm} à 15^{cm}; on dépasse rarement 20^{cm}. Il ne faut pas conclure de là qu'une bobine de 15^{cm} à 20^{cm} d'étincelles est suffisante; il faut tenir compte de la puissance mise en jeu. En France, on emploie fréquemment des bobines de 25^{cm} à 40^{cm} d'étincelles; à l'étranger, principalement en Allemagne, on se sert souvent de bobines plus fortes; il est difficile de dire quelle est la meilleure solution, car tout dépend des ampoules employées.

La longueur de l'étincelle équivalente étant connue, il resterait à mesurer l'intensité efficace du courant qui traverse l'ampoule et la fréquence des décharges pour définir exactement le fonctionnement. On fait rarement des mesures aussi complètes; il est d'ailleurs assez difficile de mesurer des courants alternatifs de cette fréquence; les galvanomètres thermiques seuls peuvent donner des indications, et ils sont rarement assez sensibles. En pratique, on se contente généralement de mesurer l'intensité moyenne fournie au primaire, ce qui définit à peu près les conditions de fonctionnement de la bobine. Pour la fréquence des décharges, on ne la connaît pas toujours ; cependant, avec la plupart des interrupteurs, elle est assez constante lorsqu'on se place dans des conditions identiques. Il suffit, par exemple, d'alimenter un interrupteur-moteur toujours avec le même voltage aux bornes, pour être à peu près sûr d'avoir la même vitesse. Les interrupteurs munis d'un tachymètre sont intéressants à ce point de vue. Avec les interrupteurs à lame vibrante, les conditions de fonctionnement sont seulement définies par le voltage de la source et l'intensité moyenne du courant, de sorte qu'il faut un peu plus d'habitude de la part de l'opérateur pour juger si le réglage favorable est atteint.

Comme moyens de réglage du courant on dispose des facteurs habituels : voltage de la source, résistance du circuit primaire et durée du contact; on fait aussi très souvent usage de bobines primaires à plusieurs circuits que l'on peut grouper en série ou en parallèle, comme on l'a vu au § 27.

Pour la radiographie on peut faire usage d'interrupteurs lents, plus ou moins réguliers, donnant de fortes décharges peu nombreuses; mais pour la radioscopie, il faut une vitesse suffisamment grande pour que l'écran paraisse constamment éclairé; une fréquence de 20 à 25 étincelles par seconde paraît être un minimum; au-dessous, la scintillation de l'écran rend les observations très difficiles et très fatigantes. A cause de la scintillation également, les décharges doivent être très régulières. Parmi les interrupteurs à mercure qui donnent les meilleurs résultats, sous ce rapport, il faut placer tout d'abord les turbines; les rupteurs atoniques sont préférables parmi les interrupteurs secs.

On est quelquefois obligé de mettre le positif de la bobine à la terre, afin d'éviter la secousse qui résulterait d'un contact fortuit ou voulu du malade avec l'ampoule; d'après ce que nous avons dit précédemment, on peut faire cette mise à la terre sans inconvénients dans la plupart des cas, puisque la longueur d'étincelle équivalente est rarement supérieure à la moitié de l'étincelle maximum de la bobine.

La résistance équivalente d'un tube cathodique est différente selon le sens du courant; elle est minimum quand l'électrode qui, par construction, est destinée à être la cathode, c'est-à-dire l'électrode de plus grande surface, est reliée au pôle négatif de la bobine, mais la résistance n'est pas infinie dans le sens inverse, la différence peut dans certains cas être assez faible. Il résulte de ceci que la faible force électromotrice induite à la *fermeture* du circuit, qui est négligeable quand il s'agit d'étincelles, peut produire dans l'ampoule une décharge faible, mais suffisante néanmoins pour donner naissance à un autre foyer d'émission de rayons X, lequel peut troubler l'image obtenue et aussi, chose non moins grave, est capable d'altérer plus rapidement le tube; on a donc intérêt à se protéger contre le courant de fermeture.

Beaucoup d'opérateurs protègent leurs ampoules au moyen des soupapes cathodiques de Villard (*fig.* 103); ce

Fig. 103.

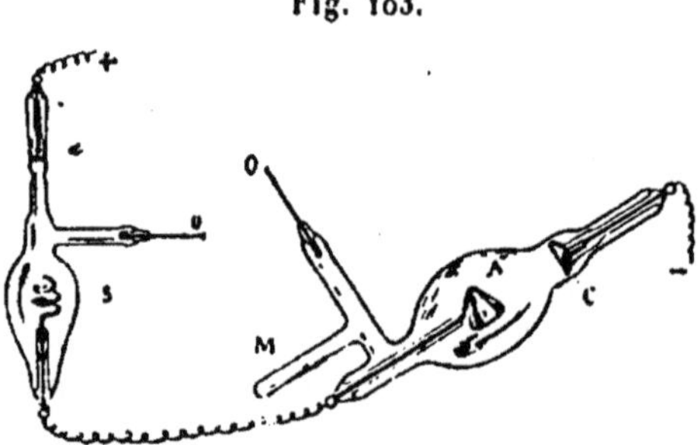

sont des ampoules dans lesquelles la cathode S est formée par une hélice de gros fil d'aluminium et l'anode par un petit disque du même métal *a*, placé au bout d'un tube assez étroit. Les soupapes cathodiques ont cette propriété d'être extrêmement dissymétriques : quand le fil est cathode, la longueur d'étincelle équivalente est de l'ordre du millimètre;

elle est de 10^cm environ quand le fil est anode. On comprend facilement qu'en plaçant une de ces soupapes en série avec l'ampoule à protéger, on augmente à peine la résistance équivalente dans le sens correct et on le rend très considérable dans l'autre cas. On doit, comme l'indique la figure 103, relier le fil S de la soupape à l'anode A de l'ampoule.

L'emploi des courants alternatifs se présente fréquemment, parce qu'un grand nombre de distributions d'électricité utilisent ces courants. Pour l'emploi des tubes cathodiques il est nécessaire d'avoir toujours des décharges de même sens, il faut donc supprimer une des phases ou la redresser.

Pour la suppression d'une des phases les moyens suivants peuvent être employés : faire usage d'un interrupteur pour courant alternatif donnant une seule interruption par période, comme, par exemple, l'interrupteur de Villard ou la turbine à moteur synchrone. On peut aussi intercaler dans le circuit primaire un ou deux clapets électrolytiques qui laissent passer seulement le courant du plomb à l'aluminium et opposent une résistance presque insurmontable dans l'autre sens. L'emploi d'une soupape cathodique placée en dérivation sur le secondaire conduit au même résultat en mettant une des phases presque en circuit. L'interrupteur Wehnelt donne un courant secondaire plus ou moins dissymétrique selon les conditions du circuit; lorsqu'on en fait usage, il est bon d'ajouter une soupape cathodique sur le secondaire pour éliminer plus complètement le courant inverse.

En employant des dispositifs de redressement du courant, on augmente la puissance disponible, puisqu'on utilise les deux phases. Nous n'avons pas à insister sur les redresseurs mécaniques qui paraissent abandonnés; le même résultat peut être atteint soit avec des clapets électrolytiques montés en pont de Wheatstone, comme nous l'avons vu au § 37, soit au moyen de quatre soupapes cathodiques de Villard groupées suivant le même schéma, l'ampoule se trouvant sur la diagonale.

Quel que soit le mode de redressement préféré, l'usage

des courants alternatifs se présente sous deux formes : employer la bobine comme un simple transformateur ou comme bobine avec interrupteur. La première solution est rarement applicable parce que le coefficient de transformation des bobines ordinaires est trop faible, ainsi que leur self-induction primaire, ce qui limite la tension obtenue au secondaire. Par exemple, une bobine de 40^{cm} d'étincelles, ayant un coefficient de transformation de 150 à 200 et une self-induction de 0,03 henry, donnera, sur un circuit à 50 périodes par seconde et 100 volts, seulement 16000 à 22000 volts, c'est-à-dire une étincelle de 2^{cm} à 3^{cm} au plus. Cette solution n'est donc applicable qu'avec des bobines spéciales à grand coefficient de transformation.

On peut augmenter sensiblement la différence de potentiel en faisant usage du dispositif de M. Villard (*fig.* 104).

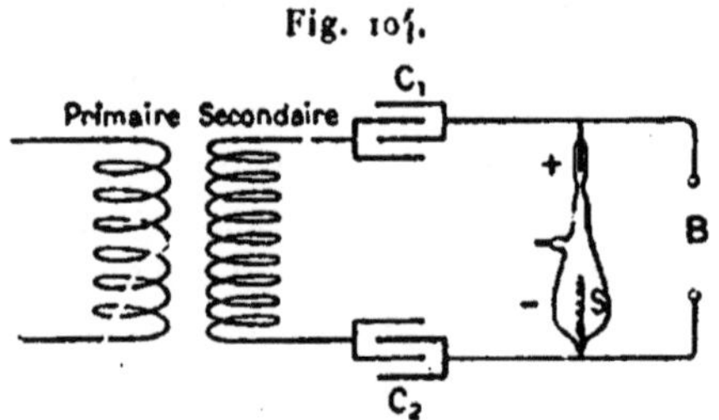

Fig. 104.

Les bornes du secondaire sont reliées à deux condensateurs de capacité assez considérable, de très grosses bouteilles de Leyde, par exemple, les armatures libres de ces condensateurs étant reliées par l'ampoule ou par l'excitateur à étincelles B; les décharges alternatives de la bobine traversent les condensateurs et fournissent en B des étincelles d'une certaine longueur. Si l'on place, en dérivation sur l'excitateur B, une soupape cathodique, celle-ci forme court-circuit sur une des phases du courant, de sorte que les décharges ou les étincelles deviennent unilatérales, mais, de plus, par suite d'un phénomène encore mal connu, la longueur d'étincelles que l'on peut obtenir en B augmente notablement : on arrive quelquefois à la doubler.

L'emploi direct du courant alternatif n'est pas général;
il faut, le plus souvent, avoir recours aux interrupteurs
afin d'élever suffisamment la force électromotrice secondaire.

§ 44. Inflammation. — L'étincelle fournit un moyen commode pour enflammer les mélanges explosifs; on s'en sert
dans les laboratoires pour les analyses de gaz à l'eudio-
mètre; on l'a utilisée pour l'allumage des lampes à gaz peu
accessibles, mais ces applications disparaissent aujourd'hui
devant l'emploi général qui est fait de la bobine d'induction, ou de dispositifs dérivés, pour l'allumage des moteurs
à explosion.

On connaît le thème général du fonctionnement de ces
moteurs, suivant le cycle à quatre temps, qui est presque
universellement employé aujourd'hui. Après l'explosion, le
piston est lancé au bout de sa course avant, le cylindre se
remplit de gaz brûlés; lorsqu'il est arrivé à fond de course,
une soupape s'ouvre et le piston revenant en arrière (premier temps) chasse les gaz. Une nouvelle course en avant
se produit, sous la seule impulsion du volant, après que
des organes convenables ont fermé la soupape d'échappement et ouvert la soupape d'admission; dans cette course
(deuxième temps) le piston aspire le mélange détonant,
puis, arrivé au bout, il retourne de nouveau en arrière,
toujours entraîné par le volant seul. Pendant ce troisième
temps, le mélange détonant est comprimé dans le cylindre
et, au moment où la pression est maximum, il faut produire l'inflammation, de façon que l'explosion chasse le
piston en avant, en produisant le travail moteur (quatrième temps).

Le moment de l'inflammation doit être rigoureusement
déterminé, faute de quoi les résultats obtenus sont mauvais.
La figure 105 représente le diagramme d'un moteur à es-
sence, relevé au manographe Hospitalier-Carpentier, pour
trois positions de l'allumage. Dans la courbe III, l'allumage
se produit trop tôt, il y a *trop d'avance à l'allumage;* la

courbe montre bien en effet que le point d'allumage est avant la fin de la course ; la pression maximum atteinte est considérable, il se produit une explosion brisante, dangereuse pour le moteur, et, malgré cela, l'*aire* du diagramme, qui, comme on le sait déjà, est proportionnelle au travail

Fig. 105.

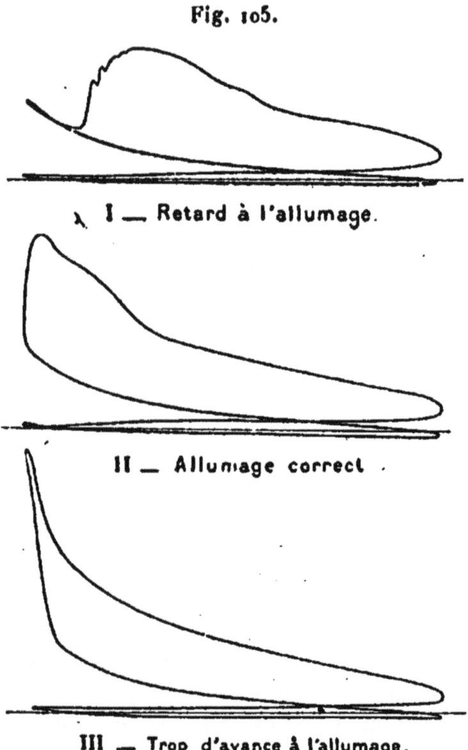

fourni, est inférieure à celle que donne l'allumage correct (courbe II). Si, au contraire, nous donnons du *retard à l'allumage*, courbe I, l'étincelle éclate quand le piston est dans sa course avant, la pression du mélange gazeux a déjà diminué, l'aire du diagramme se réduit ; à la fin de la course avant, la pression des gaz brûlés est encore assez grande, de sorte qu'au moment où la soupape d'échappement s'ouvre on jette dans l'atmosphère des gaz encore trop chauds qui n'ont pas eu le temps de se détendre en produisant un travail utile.

Le problème se résume donc à ceci : produire, *à un moment précis de la course du piston*, une étincelle capable d'enflammer le milieux gazeux. Le moment où doit éclater l'étincelle varie avec la disposition du moteur et avec sa vitesse. L'inflammation du mélange n'est pas instantanée, elle se propage avec une vitesse assez faible, de l'ordre de 5 mètres par seconde, de sorte que, pour obtenir l'effet maximum, il faut faire éclater l'étincelle *un peu avant* le passage au point mort. Pour un moteur et un mélange gazeux donnés, cette *avance* a une *durée constante*, donc, pour différentes vitesses de moteur, l'étincelle doit éclater lorsque le piston occupe des positions différentes; de là la nécessité de régler en marche l'avance à l'allumage. En réalité, les moteurs à faible ou moyenne vitesse, qui doivent, pour donner de bons résultats, marcher toujours à vitesse à peu près constante, ont une avance à l'allumage presque constante; si la plupart des moteurs conservent toujours le dispositif d'avance variable, c'est parce que l'étincelle n'éclate pas au moment même où la came détermine la rupture; il y a un retard variable selon les circonstances.

La précision avec laquelle l'étincelle doit se produire est, pour les moteurs actuels, de l'ordre du millième de seconde; il faut donc prendre des précautions spéciales pour que les étincelles soient bien régulières.

Le moment où doit éclater l'étincelle est déterminé par un organe, généralement une came, qui ferme le circuit primaire d'une bobine d'induction munie d'un interrupteur ordinaire, ou bien la bobine n'a pas d'interrupteur et la came produit aussi la rupture.

Prenons le premier dispositif (*fig.* 106). Dès que le circuit est fermé, le courant s'établit dans le primaire, puis l'attraction du noyau de fer sur le rupteur provoque l'ouverture du circuit, l'étincelle éclate. Les conditions à remplir sont les suivantes : la came doit maintenir le circuit fermé

pendant un temps suffisant pour que le courant puisse
s'établir dans la bobine ; le rupteur de celle-ci doit avoir une
marche parfaitement uniforme, afin que l'intervalle, entre

Fig. 106.

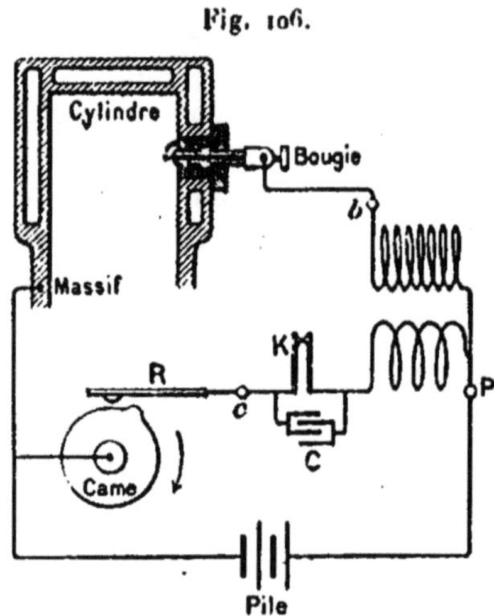

la fermeture du circuit par la came et l'étincelle, soit rigoureusement constant ; s'il n'en est pas ainsi l'étincelle éclate
en avance ou en retard, produisant l'inflammation dans des
conditions désavantageuses pour le moteur.

Pour obtenir de bons résultats deux solutions sont en
présence : faire usage de *rupteurs atoniques*, qui rompent
le courant au bout d'un temps toujours égal, quand les conditions du circuit ne changent pas, ou utiliser des interrupteurs vibrants *très rapides*, afin que le retard ou l'avance,
provoqués par une étincelle irrégulière, restent dans les
limites de temps convenables.

Les interrupteurs vibrants ordinaires ont le grave défaut
de rester en vibration pendant l'intervalle de deux ferme-
tures par la came, de sorte que le rupteur avance ou retarde
selon que la fermeture s'est produite pendant le mouvement du marteau vers le faisceau ou inversement ; l'étincelle
est très faible ou nulle dans le premier cas, parce que le

courant n'a pas eu le temps d'arriver à une valeur suffisante. On conçoit que cet inconvénient ne peut être évité que par l'emploi de rupteurs à vibrations très rapides.

Le levier d'avance à l'allumage permet de faire varier l'instant de la fermeture du circuit de façon que l'étincelle éclate toujours au moment voulu; selon la durée d'établissement du courant dans la bobine on peut avoir une avance *apparente* plus ou moins grande et la fermeture du circuit peut se produire bien avant la fin de la course de compression, tandis que l'étincelle éclate au point mort. Quand la vitesse change, la durée *constante* d'établissement du courant correspond à une fraction différente de la course, il faut donc faire varier l'avance apparente pour que l'étincelle éclate toujours pour la même position du piston, ou à peu près; au démarrage on est obligé de donner un très fort retard apparent, pour éviter que l'étincelle se produise à contretemps.

Quand la rupture est produite par la came, le schéma est celui de la figure 107. Le circuit primaire est fermé par le ressort R qui vient appuyer sur la vis V; au bout d'un temps plus ou moins long, selon la vitesse du moteur, le ressort R, soulevé brusquement par la came, abandonne la vis et le circuit est rompu; par suite des connexions établies à l'intérieur des bobines, le condensateur C se trouve à ce moment intercalé entre les points de rupture, tout se passe exactement comme dans les bobines ordinaires, mais il n'y a qu'une seule étincelle par tour. Le système ci-dessus est celui qui a été vulgarisé par les automobiles de Dion, le contact s'établit par le *choc* du ressort sur la vis; au contraire, dans le système Aster, le contact s'établit par le soulèvement du ressort par la came (*fig.* 107-2). Dans d'autres systèmes la came est remplacée par un disque isolant portant des secteurs métalliques sur lesquels frotte un balai.

Là où la rupture est provoquée par le mouvement même de la came, il n'y a pas besoin d'avance à l'allumage et, en pratique, les moteurs qui sont munis de cette disposition ont généralement une avance fixe; on se borne à donner un retard constant pour le démarrage, puis, une fois la vitesse atteinte, on se remet à la position normale.

Les bobines d'inflammation pour moteurs ont donné naissance à une grande variété de types, nous ne pouvons

Fig. 107.

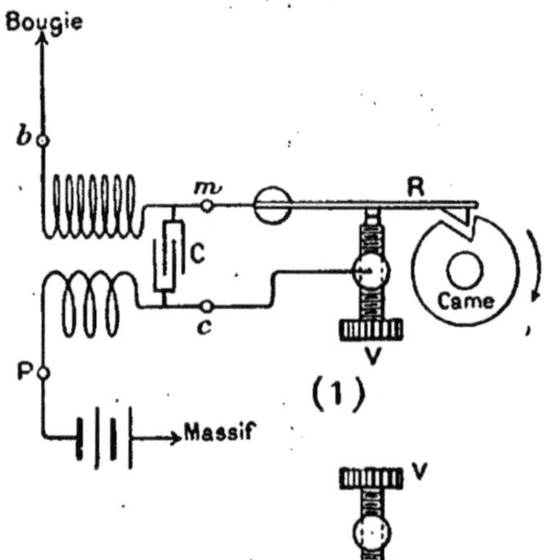

songer à les décrire ici plus longuement et nous devons encore une fois nous borner aux indications générales sur l'emploi des bobines et des systèmes dérivés.

Parmi les systèmes dérivés nous mentionnerons celui qui est basé sur l'extra-courant de rupture. La bobine employée est une bobine de self-induction dont le circuit est fermé par un contact placé à l'intérieur du cylindre, à la place de la bougie d'allumage; la came produit la séparation brusque des pièces de contact, de sorte qu'une étincelle d'extra-courant éclate entre elles, dans le cylindre; dans cette disposition le courant est ordinairement fourni par une petite magnéto.

A.

Un système combiné de bobine et de magnéto est aujour-
d'hui très employé; la première application en paraît due à
la maison Simms Bosch. La bobine d'induction (*fig.* 108)
a ses deux circuits, primaire et secondaire, enroulés sur
l'armature B d'une petite magnéto commandée par le

Fig. 108.

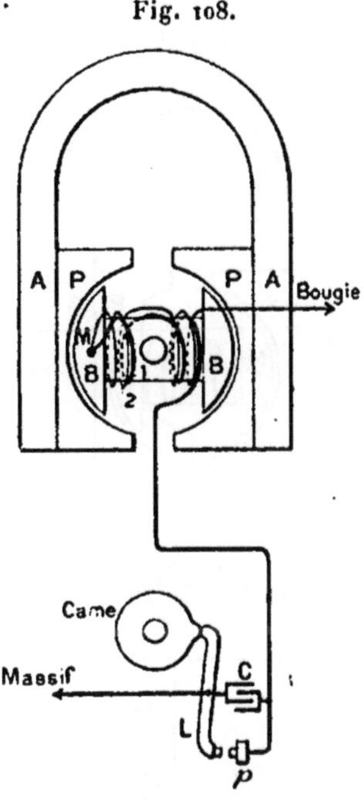

moteur lui-même. Le circuit primaire est fermé par un contact à ressort, L*p*, qui est brusquement ouvert par la came,
à chaque tour de l'axe; dans ces conditions, le courant
engendré par la rotation de la magnéto est interrompu au
moment où son intensité est maximum; le condensateur C
étant placé en dérivation sur l'interrupteur, les choses se
passent comme dans les bobines ordinaires, le secondaire a
est le siège d'une force électromotrice induite très élevée,
qui s'ajoute à la force électromotrice beaucoup plus faible
engendrée par la rotation du circuit 2. Ce système est très

simple, il dispense de l'emploi d'une pile ou d'accumulateurs; son installation est des plus faciles, puisqu'il suffit d'établir un fil isolé entre la borne libre du secondaire et la bougie d'allumage.

Dans le système Eisemann, la bobine et la magnéto sont séparées (*fig.* 109). La magnéto a son armature en court-

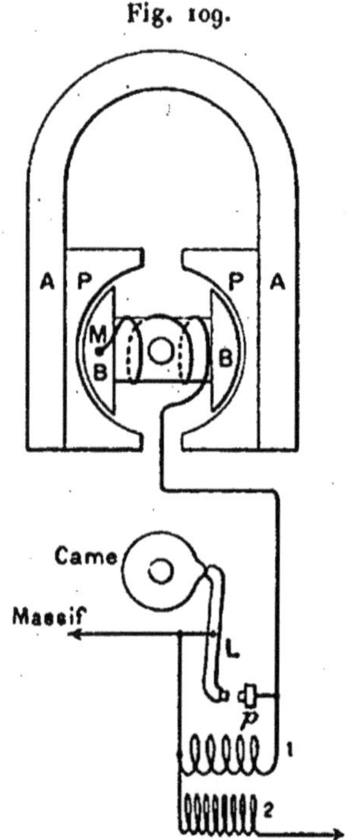

Fig. 109.

circuit pendant la course presque entière; au moment du passage de la came, le court-circuit est ouvert et l'extra-courant, envoyé dans le primaire 1 d'une bobine, produit, par induction, dans le secondaire 2 une force électromotrice suffisante pour donner une étincelle de quelques millimètres.

Les systèmes à magnéto ont l'avantage d'être toujours prêts. Il n'y a pas à s'occuper de l'état de charge des piles ou accumulateurs; par contre, la magnéto se désaimante assez souvent, causant ainsi les mêmes perturbations.

Tous les systèmes à bobine d'induction ou, plus généralement, à haute tension, dans lesquels l'étincelle jaillit entre deux points à distance fixe, comportent l'emploi d'une *bougie* d'allumage. La bougie se compose en principe de deux fils métalliques, l'un isolé, l'autre relié au massif, entre lesquels éclate une étincelle de $0^{mm},5$ à 1^{mm} au plus. L'isolant entre les deux fils est généralement la porcelaine; on emploie aussi le mica. Les systèmes de bougies sont innombrables, les différences entre eux sont souvent peu importantes; elles ont généralement pour objet d'éviter l'encrassement de la bougie ou sa rupture.

Malgré le faible écart qui existe entre les fils de la bougie d'allumage, l'étincelle éprouve une certaine difficulté à franchir cette distance, à cause de la compression des gaz. L'étincelle équivalente, dans l'air à la pression atmosphérique, peut être plus de 10 fois plus longue que l'étincelle dans le gaz comprimé, comme il est facile de le vérifier avec un excitateur placé en dérivation sur la bougie.

L'étincelle qui éclate dans les gaz comprimés est toujours une étincelle de haute fréquence; on peut s'en assurer par le procédé de la boucle décrit plus haut, § 22.

Les bougies se recouvrent à la longue, surtout quand la combustion n'est pas parfaite, d'une couche faiblement conductrice de noir de fumée et d'huile; il en résulte que le courant de la bobine trouve un chemin assez peu résistant pour faire tomber la différence de potentiel bien au-dessous du potentiel explosif, l'étincelle ne se produit pas, l'inflammation est impossible. Une observation accidentelle a montré que l'on pouvait néanmoins obtenir, dans ces conditions, une étincelle à la bougie, si on reliait celle-ci à la bobine par un conducteur interrompu, de façon qu'une autre étincelle, de 1^{mm} à 2^{mm}, éclatât dans le circuit. Le phénomène qui se produit là est dû à ce que l'étincelle auxiliaire substitue, à la variation relativement lente du potentiel, la variation brusque qui résulte de la charge de la bougie; le phénomène est analogue à celui du tableau de limaille dont on se servait autrefois pour produire de longues étincelles : un courant alternatif de fréquence ordinaire peut traverser le tableau sans effet extérieur, tandis que la décharge d'une bouteille de Leyde s'effectue par des étincelles à la surface.

§ 45. Applications diverses. — On fait usage de la bobine dans un grand nombre d'expériences de cours et de laboratoire ; les indications générales données dans les Chapitres précédents peuvent servir dans bien des cas.

L'illumination des tubes de Geissler exige ordinairement des bobines de faible puissance ou, lorsque l'on dispose seulement de grosses bobines, il faut diminuer notablement leur puissance, faute de quoi on risque de détériorer les tubes. Pour les expériences de Crookes, il faut plus de puissance ; cependant la plupart peuvent être faites avec des bobines donnant, au plus, 10^{cm} d'étincelles.

Dans toutes les expériences avec les tubes de Geissler ou de Crookes, comme avec les ampoules de Röntgen, il faut avoir soin de bien fixer les fils qui relient les électrodes à la bobine, et il faut les éloigner le plus possible du reste du tube, afin d'éviter qu'une étincelle éclate du fil sur une partie quelconque du verre en produisant une perforation de la paroi, ce qui mettrait immédiatement le tube hors de service.

La production de l'ozone exige une bobine appropriée aux dimensions de l'ozoneur employé. Le problème se résume à faire passer une certaine quantité d'air ou d'oxygène entre les armatures d'un condensateur chargé à un potentiel assez élevé pour que des effluves se produisent ; il ne faut jamais employer une puissance telle que des étincelles puissent jaillir entre les armatures ; par conséquent, la bobine à employer doit être proportionnée à la surface et à la distance des armatures ; plus celles-ci sont larges, plus la bobine doit être puissante, mais aussi plus grande est la quantité d'ozone fournie.

L'expérience classique du perce-verre est souvent faite avec une bobine d'induction. Lorsqu'on dispose d'un grand modèle, on peut arriver à percer des blocs de verre de plusieurs centimètres d'épaisseur ; une bobine de 40^{cm} à 50^{cm} peut, par exemple, percer un bloc de 5^{cm}. Quand on fait l'expérience avec une petite bobine et une feuille de verre peu épaisse, les précautions à prendre sont simples ; il suffit de disposer, de chaque côté de la feuille de verre, vis-à-vis l'une de l'autre, deux pointes métalliques reliées à la bobine. Lorsque l'épaisseur du verre augmente, il faut éviter que les étincelles jaillissent à la surface en parcourant un chemin beaucoup plus long, mais sans percer le verre. Le meilleur moyen, et le plus sûr à employer dans ce cas, consiste d'abord à percer, en face de chaque pointe, un petit trou de 1^{mm} à peine de profondeur, destiné à amorcer le passage, puis, après avoir placé les deux pointes, à plonger le tout dans un vase rempli d'huile minérale ou de pétrole ; le vase doit avoir des dimensions suffisantes pour que les conducteurs qui relient les électrodes à la bobine soient suffisamment éloignés l'un de l'autre à la sortie de l'huile, ou bien il faut les protéger à l'aide de tubes de verre. Par ce dispositif, on évite très aisément les étincelles latérales qui, d'ordinaire, empêchent de percer le verre. Il faut préalablement avoir soin de bien sécher le bloc de verre, toujours pour éviter les étincelles latérales.

Pour faire cette expérience, on conseille généralement de placer un excitateur à étincelles en dérivation sur le perce-verre, les électrodes étant écartées d'une distance égale à l'étincelle limite que peut donner la bobine. Cette précaution a pour but d'éviter que la décharge détériore la bobine lorsque l'étincelle n'éclate pas dans le perce-verre. L'utilité de cette sorte de parafoudre ne paraît pas démontrée ; il est vrai qu'il n'est pas nuisible non plus. Ce que nous savons des bobines montre que le danger d'une perforation ou d'une mise en court-circuit des spires existe plus lorsque la bobine fournit des décharges oscillantes, même courtes, que lorsque l'étincelle ne peut pas éclater ;

il semble que les bornes de la bobine constituent le plus souvent un parafoudre suffisant.

Une application très étendue des bobines, sur laquelle il est malheureusement impossible de donner des indications vraiment utiles, est celle des bobines médicales, dans lesquelles on utilise le courant induit ou l'extra-courant pour produire des chocs dans l'organisme. Pour cet usage, les bobines doivent être de faible puissance et alimentées par de faibles courants. Les modèles les plus couramment employés n'ont pas de condensateurs; les interrupteurs sont à ressort; il se produit généralement une assez forte étincelle à la rupture, de sorte que la force électromotrice maximum, induite dans le secondaire, est assez faible pour n'être pas dangereuse. D'après ce que nous avons vu § 7, il est bien difficile de définir le courant que l'on applique ainsi aux malades et le procédé est d'un grossier empirisme. Quelques médecins, dans le but de rendre les résultats plus comparables, font usage de bobines avec condensateurs, en employant de très fortes capacités, afin d'abaisser la force électromotrice induite et pour éviter la perturbation qui résulte de l'étincelle de rupture. On obtiendrait probablement des résultats équivalents en mettant un shunt de faible résistance sur l'interrupteur. L'écran en métal qui sert à régler l'action des petites bobines médicales joue un rôle analogue; les courants induits dont il est le siège ralentissent la variation du courant inducteur. Il semble que des progrès réels pourraient être faits dans cette voie si le problème était bien posé.

CHAPITRE XI.

BIBLIOGRAPHIE.

Dans ce Chapitre sont rangés, par ordre chronologique, la plupart des Mémoires parus sur la bobine d'induction, avec, lorsqu'il est nécessaire, une courte analyse de la partie originale contenue dans chacun. On trouvera dans ces analyses le développement des idées particulières des Auteurs qui auraient trop allongé l'exposé des phénomènes dans les Chapitres précédents.

Les notations des Auteurs ont été, autant que possible, transformées pour s'adapter à celles en usage dans ce Livre, afin de faciliter la lecture.

1. **Henry,** Professeur of natural Philosophy in the College of New Jersey, Princeton. — *American Journal of Science,* juillet 1832. Premier article de Henry, cité par lui-même dans les *Annales de Sturgeon,* 1837, p. 282.

2. **Dal Negro.** — *Bibliothèque universelle,* 1833, t. **2,** p. 394; cité par Masson.

3. **Henry.** — Communication à l'American philosophical Society. Philadelphie, 16 janvier 1835. Reproduite dans les *Annales d'Électricité et de Magnétisme,* de Sturgeon, 1837, p. 282.

4. **A. Masson.** — De l'induction du courant sur lui-même. *Annales de Physique et Chimie,* 2ᵉ série, t. LXVI, 1837, p. 5.

5. Page. Méthode of increasing shocks and experiments with prof. Henry's apparatus for obtaining sparks and shocks from the calorimotor. *Annales de Sturgeon*, 1837, p. 290.

6. Callan. — On the best method of making an electro-magnet for electric purposes. *Annales de Sturgeon*, 1837, p. 295.

7. Sturgeon. — Note lue à l'Electrical Society de Lon-dres. *Annales de Sturgeon*, 1837, p. 477.

8. Henry. — Contribution à l'étude de l'Électricité et du Magnétisme. *Philosophical Magazine*, t. 16, 1840, p. 200 et suivantes.

9. Masson et Bréguet fils. — Mémoire sur l'Induction. Académie des Sciences, 23 août 1841, *Annales de Physique et Chimie*, 3ᵉ série, t. IV, 1842, p. 129.

10. Fizeau. — *Comptes rendus,* 7 mars 1853, t. XXXVI, p. 418.

11. Poggendorff. — Académie des Sciences de Berlin, 17 décembre 1854, 8 janvier 1855 et 29 mars 1855. Analyse par Verdet : *Annales de Physique et Chimie*, 3ᵉ série, t. XLIV, 1855, p. 375.

12. Foucault. — *Comptes rendus,* t. XLII, 1856, p. 215; t. XLIII, 7 juillet 1856, p. 44. Société philomathique, 19 avril 1856. Toutes ces Notes sont reproduites dans le *Recueil des travaux de Léon Foucault*, 1878.

13. Foucault. — *Procès-verbaux de la Société philoma-thique,* 1857, p. 105.

14. Jean. — *Comptes rendus,* t. XLVI, 1858, p. 186.

15. Dumas. — Rapport sur l'attribution du prix Volta. — *Moniteur universel*, 13 septembre 1864.

16. Page. — *History of induction*, brochure publiée en 1867.

17. Du Moncel. — *Notice sur l'appareil d'induction électrique de Ruhmkorff*, 5ᵉ édition, 1867, Gauthier-Villars.

18. X. — *Les Mondes*, t. 27, 1872, p. 60.

19. Ruhmkorff. — *Les Mondes*, t. 27, 1872, p. 60. Réponse à la Note précédente.

20. Du Moncel. — *Exposé des applications de l'Électricité*, t. II, p. 238 et suivantes. E. Lacroix, Paris, 1873.

21. L. Mouton. — *Thèse*. Paris, 1876.

Étude expérimentale sur les phénomènes d'induction électrodynamique. Observe, à l'aide du contact tournant, les oscillations de la force électromotrice secondaire; c'est la première application de cette méthode en électricité. La bobine étudiée par Mouton n'avait pas de condensateur primaire, les oscillations étaient donc dues au secondaire seul.

22. P. Ward. — *English Mechanic*, 1886.

23. Spottiswoode. — *Philosophical Magazine*, janvier 1887.

24. Fleming. — *The Electrician*, Londres, 31 mai 1889, p. 88.

Essai de théorie mathématique incomplet; conduit à des conclusions erronées.

25. R. Colley. — *Wiedemann Annalen*, t. 44, p. 109, 1891.

La plus importante étude mathématique publiée sur cette question. Mémoire malheureusement peu connu et, en particulier, fort mal analysé dans les journaux français. Partant des équations différentielles connues, l'auteur calcule les résultats : 1° pour le circuit primaire seul, en tenant compte de sa capacité et de sa self-induction; la différence de potentiel aux bornes du condensateur et l'intensité du courant ont alors pour valeur

$$(1) \qquad U = I_0 \frac{1}{\beta C}\, e^{-\alpha t} \sin \beta t,$$

$$(2) \qquad I = I_0 e^{-\alpha t} \left(\cos \beta t - \frac{\alpha}{\beta} \sin \beta t \right) \quad (\text{voyez } \mathit{fig.} \text{ 10}),$$

$$\alpha = \frac{R}{2L} \qquad \text{et} \qquad \beta = \sqrt{\frac{1}{LC} - \frac{R^2}{4L^2}}.$$

2° Pour la bobine avec secondaire fermé en court-circuit et ayant, par suite, une capacité secondaire infinie. Le courant secondaire i est donné par

$$(3) \qquad i = \frac{M I_0}{l}\, (e^{-\alpha t} \cos \beta t - e^{-2\gamma t}) \quad (\text{voyez } \mathit{fig.} \text{ 11}),$$

$$\gamma = \frac{r}{2l}.$$

3° Pour la bobine avec secondaire fermé sur une capacité c, sans tenir compte de la capacité propre du secondaire et en supposant qu'il n'y a, dans ce circuit, que le courant de charge du condensateur c. Le calcul de ce cas conduit à trois solutions, selon la résistance r du circuit secondaire :

$$r^2 \gtrless 2\, \frac{l}{c}.$$

Lorsque $r^2 \geqq 2\, \dfrac{l}{c}$, le courant secondaire se compose d'un courant décroissant superposé à un courant oscillatoire également décroissant. On a, en appelant δ le terme

$$\delta = \sqrt{\frac{r^2}{4 l^2} - \frac{1}{lc}},$$

la différence de potentiel aux bornes u et l'intensité du courant secondaire i :

$(a).\ r^2 > 2\, \dfrac{l}{c},$

$$(4) \qquad u = \frac{M I_0}{lc} \left(\frac{1}{2\delta}\, e^{-(\gamma-\delta)t} - e^{-(\gamma+\delta)t} - \frac{1}{\beta}\, e^{-\alpha t} \sin \beta t \right),$$

$$(5) \qquad i = \frac{M I_0}{l} \left(\frac{\gamma - \delta}{2\delta}\, e^{-(\gamma-\delta)t} - \frac{\gamma + \delta}{2\delta}\, e^{-(\gamma+\delta)t} + e^{-\alpha t} \cos \beta t \right),$$

$(b).\quad r^2 = 2\dfrac{l}{c},$

$$(6)\qquad u = \frac{MI_0}{lc}\left(te^{-\gamma t} - \frac{1}{\beta}e^{-\alpha t}\sin\beta t\right),$$

$$(7)\qquad i = \frac{MI_0}{l}\left[(\gamma t - 1)e^{-\gamma t} + e^{-\alpha t}\cos\beta t\right]\quad(\text{voyez }\textit{fig. }12).$$

Enfin, lorsque $r^2 < 2\dfrac{l}{c}$, il y a superposition de deux courants oscilla-toires, de période et d'amortissement différents. On a, en appelant δ'

$$\delta' = \sqrt{\frac{1}{lc} - \frac{r^2}{4l^2}},$$

$(c).\quad r^2 < 2\dfrac{l}{c},$

$$(8)\qquad u = \frac{MI_0}{lc}\frac{\beta^2}{\beta^2 - \delta'^2}\left(\frac{1}{\delta'}e^{-\gamma t}\sin\delta' t - \frac{1}{\beta}e^{-\alpha t}\sin\beta t\right)\quad(\text{voyez }\textit{fig. }26),$$

$$(9)\qquad i = \frac{MI_0}{l}\frac{\beta^2}{\beta^2 - \delta'^2}\left(-e^{-\gamma t}\cos\delta' t + e^{-\alpha t}\cos\beta t\right)\quad(\text{voyez }\textit{fig. }13).$$

Colley vérifie cette théorie en observant un tube de Geissler au miroir tournant ; il donne de très bonnes images du phénomène. Enfin il fait aussi quelques tentatives de vérification directe de la forme du courant à l'aide d'un appareil qu'il appelle *oscillomètre*, lequel est, bien que très imparfait, le premier des oscillographes réalisés.

26. Tom Moll. — *Wiedemann Annalen*, Beiblätter, t. XV, 1891, p. 129.

Mesure le nombre et les intervalles entre les étincelles à l'aide du miroir tournant et de la photographie. Trouve que cet intervalle croît comme la racine carrée de la longueur des étincelles. Compte aussi les étincelles en leur faisant percer un papier animé d'un mouvement rapide.

27. Armstrong. — *Electrical Review*, Londres, 1892, p. 113. Société Royale de Londres, 18 mai 1892.

Fait des essais de groupement de bobines. Réunit jusqu'à six bobines de 26cm d'étincelles en parallèle. Mesures assez indécises ; étude plutôt qualitative.

28. H. Armagnat. — *Industrie électrique*, 25 mars 1894, p. 117.

Calcule les forces électromotrices dans les deux circuits d'une bobine; en supposant la réaction du secondaire nulle. Ces forces électromotrices ont pour valeur maximum

$$\varepsilon_2 = \frac{M}{\sqrt{CL}}\, I_0, \quad \sigma_2 = \frac{L}{\sqrt{CL}}\, I_0\, ;$$

leur rapport est égal à $\frac{M}{L}$, c'est-à-dire au coefficient de transformation de la bobine. Montre que la valeur élevée de σ_2 exige de très bons isolants au primaire et au condensateur. Fait remarquer l'importance d'une grande vitesse initiale de séparation des points de contact.

29. F.-C. Allsop. — *Induction coils and coil making.* Spon, Londres, 1896.

30. Lewis Wright. — *The induction . coil in pratical work.* Macmillan, Londres, 1897.

31. Norton et Lawrence. — *Electrical World.* New-York, 6 mars 1897, p. 327.

Un condensateur de grande capacité est relié d'une part au primaire de la bobine et à l'une des bornes d'un circuit d'éclairage à 100 ou 200 volts; l'autre armature est reliée alternativement, au moyen d'un commutateur tournant, à la seconde borne du circuit et à l'extrémité du primaire (voir *fig.* 100). La décharge du condensateur dans le primaire fait naître dans celui-ci des oscillations et développe des courants induits dans le secondaire. Les auteurs ont obtenu de cette manière, avec une bobine de 15^{cm} d'étincelles et un condensateur de 25 microfarads, une étincelle de 5^{cm} sur un circuit à 200 volts; en remplaçant l'inducteur de la bobine par un autre ayant seulement 70 tours de gros fil, il ont obtenu 15^{cm} d'étincelles.

32. Oberbeck. — *Wiedemann Annalen*, t. LXII, 1897, p. 109.

Cherche à mesurer directement la différence de potentiel au secondaire, en reliant une des bornes de ce circuit à la terre et l'autre à une sphère de laiton isolée. Une pointe placée devant la sphère, à une distance réglable à volonté, décharge la sphère quand la différence de potentiel atteint une certaine valeur. Observe que le rapport entre les différences de potentiel aux bornes des deux circuits, primaire et secondaire, est à peu près constant; il diminue quand la vitesse d'interruption augmente.

33. B. Walter. — *Wiedemann Annalen,* t. LXII, 1897, p. 300.

Donne comme ci-dessus (n° 28) la théorie simplifiée de la bobine en négligeant la réaction du secondaire. Vérifie la théorie en observant la forme du courant primaire à l'aide d'un tube cathodique de Braun. Signale le fait que l'amortissement des oscillations à la rupture est beaucoup plus grand que ne l'indique le calcul.

34. Arons. — *Wiedemann Annalen,* t. LXIII, 1897, p. 177.

Donne la loi empirique suivante pour exprimer la résistance de l'étincelle de rupture :

$$R' = R_0 \frac{\pi}{\pi - t},$$

R' étant la résistance totale du circuit, étincelle comprise, au temps t, R_0 la résistance initiale avant la rupture et π le temps que dure la rupture entre R_0 et R' égal à l'infini; le temps t varie de 0 à π.

Partant de cette expression il calcule l'intensité I et la force électromotrice de self-induction en fonction de t :

$$I = \frac{E}{R_0} \frac{L}{L - \pi R_0} \left[\left(1 - \frac{t}{\pi} \right)^{\frac{R_0 t}{L}} - \pi \frac{R_0}{L} + \frac{R_0}{L} t \right],$$

$$- L \frac{dI}{dt} = E \frac{L}{L - \pi R_0} \left[\left(1 - \frac{t}{\pi} \right)^{\frac{\pi R_0 - L}{L}} - 1 \right].$$

35. E. Thomson. — *The Electrical Engineer,* New-York, t. XXIV, 29 juillet 1897, p. 77.

Indique un dispositif de bobine d'induction destiné à renforcer l'action des courants induits. La bobine a trois circuits : le premier est alimenté directement par un circuit à 100 volts; la rupture de ce circuit développe dans un circuit secondaire, à gros fil, un courant très intense et celui-ci est à son tour rompu, au moment où son intensité est maximum, par un second interrupteur. C'est la rupture de ce second courant qui doit développer des forces électromotrices élevées dans le troisième circuit, lequel est à fil très fin.

36. Tesla. — *The Electrical Review,* Londres, 10 septembre 1897, p. 327.

Décrit un oscillateur électrique formé par une bobine ordinaire excitée par les décharges d'un condensateur de grande capacité. Le dispositif est le même que celui de Norton et Lawrence (B. n° 31), mais le commutateur tournant est remplacé par un système automatique. Le modèle présenté à cette époque donnait des étincelles de 30ᶜᵐ avec une dépense inférieure à 10 watts (voir *fig.* 100).

37. Th. Gray. — *Industrie électrique*, 25 février 1898, p. 548.

Mesure la différence de potentiel nécessaire pour faire éclater l'étincelle dans l'air, entre deux plateaux, à la pression de 760ᵐᵐ (voir *fig.* 49).

38. C.-E. Skinner. — *Electrical World*, New-York, mars 1898, p. 301.

Mesure les forces électromotrices d'un transformateur à haut voltage et détermine les distances explosives correspondantes entre des pointes d'aiguilles. Le transformateur donne un courant pratiquement sinusoïdal. Les chiffres indiqués par l'auteur sont les valeurs efficaces des forces électromotrices; pour avoir les potentiels explosifs, il faut donc multiplier par $\sqrt{2}$ (voir *fig.* 49 et 50).

39. H. Armagnat. — *Éclairage électrique*, t. XV, 9 avril 1898, p. 52.

Discute les explications données par Walter (n° 33) et cite quelques expériences nouvelles : mesure de la différence de potentiel primaire à l'aide d'un micromètre à étincelles en dérivation sur le condensateur; cette différence de potentiel diminue quand le secondaire est en place, même quand il n'y a pas d'étincelles. Indique la courbe des longueurs d'étincelles en fonction des intensités maxima du courant primaire. Montre la présence d'oscillations à courte période dans les étincelles, par l'emploi d'une boucle intercalée dans le circuit. Signale l'existence d'une capacité optimum, variable avec la bobine et l'interrupteur employés.

40. Oberbeck. — *Wiedemann Annalen*, t. LXIV, avril 1898, p. 193.

Discute les équations de Colley (n° 25) dans l'hypothèse d'une résistance nulle pour les deux circuits, ce qui le conduit à

$$(1) \qquad u = - \mathrm{I}_0 \sqrt{\frac{l}{\mathrm{C}}},$$

$$(2) \qquad u = - \frac{1}{2}\, \mathrm{I}_0 \sqrt{\frac{l}{\mathrm{C}}},$$

$$(3) \qquad u = - \mathrm{I}_0 \sqrt{\frac{\mathrm{L}}{\mathrm{C}}},$$

selon que la capacité secondaire est négligeable (1); qu'il y a résonance entre le primaire et le secondaire, $LC = lc$ (2); ou que la capacité secondaire est très grande (3).

Étudie les potentiels explosifs dans différentes conditions. Trouve, par extrapolation, qu'il faut environ 200000 volts pour obtenir une étincelle de 1ᵐ entre une pointe mousse négative et un conducteur positif. Pense que la décharge par étincelle et la décharge par aigrettes sont deux phénomènes distincts.

41. T. Mizuno. — *Philosophical Magazine*, t. XLV, mai 1898, p. 447.

Une des plus importantes recherches expérimentales faites sur la bobine. Par des séries de mesures systématiques M. Mizuno met en évidence le fait, mal connu auparavant, que, pour une bobine donnée et une intensité définie, il y a une valeur de la capacité primaire qui donne la plus grande longueur d'étincelles au secondaire; cette valeur est la capacité optimum; au-dessus et au-dessous la longueur d'étincelles décroît. Les Tableaux et les courbes qu'il donne montrent nettement que la capacité optimum varie avec l'intensité du courant (voir *fig.* 18).

42. W.-P. Boynton. — *Philosophical Magazine*, t. XLVI, septembre 1898, p. 312.

Étude quantitative sur la bobine d'induction à haute fréquence. Calculs et mesures sur un transformateur Tesla.

43. B. Walter. — *Wiedemann Annalen*, t. LXVI, 1898, p. 623.

Étudie la capacité du secondaire de sa bobine en observant les oscillations du champ créé par cette bobine; cette capacité est $1,1 \times 10^{-6}$ microfarad, la self-induction étant de 380 à 620 henrys, selon la saturation du fer; Oberbeck avait obtenu, par le calcul, 450 fois plus pour la même bobine! L'étude d'une autre bobine amène Walter à cette conclusion que ce sont les oscillations du secondaire qui dominent dans les grandes bobines. (Cette opinion est très discutable, les courbes sur lesquelles elle est appuyée semblent montrer un défaut dans la bobine.) Il attribue une grande importance au facteur d'amortissement des oscillations, lequel a une valeur plus élevée que celle que lui assigne le calcul.

44. A. Wehnelt. — *Elektrotechnische Zeitschrift*. Berlin, 26 janvier 1899.

Première description de l'interrupteur électrolytique.

45. D'Arsonval. — *Comptes rendus*, 27 février 1899.

Signale l'interrupteur Wehnelt et quelques-unes de ses propriétés.

46. H. Pellat. — *Comptes rendus*, t. CXXVIII, 20 mars 1899, p. 732.

Constate une augmentation de l'intensité moyenne du courant lorsqu'il introduit le primaire d'une bobine dans le circuit d'un interrupteur Wehnelt.

47. S. Thompson. — *The Electrician*, Londres, t. XVIII, 25 mars 1899, p. 471.

L'augmentation de pression sur l'électrolyte diminue la fréquence des interruptions et fait augmenter l'intensité moyenne.

48. Tesla. — *The Electrical Review*, New-York, 29 mai 1899.

Revue des travaux récents de Tesla. Signale ce fait que les résultats obtenus sont meilleurs quand le fil secondaire du transformateur à haute fréquence a une longueur égale au quart de la longueur d'onde des oscillations.

49. Oberbeck. — *Wiedemann Annalen*, mars 1899, p. 592.

Mesure les potentiels explosifs entre pointe et plateau. Jusqu'à 15^{mm} de distance, il est plus avantageux d'avoir la pointe négative et le plateau positif ; au delà, le potentiel explosif est moindre quand la pointe est positive.

50. A. Blondel. — *Comptes rendus*, t. CXXVIII, 4 avril 1899, p. 877.

Étudie, à l'oscillographe, le courant et la différence de potentiel aux bornes d'une bobine de self-induction de 0,2 à 0,3 henry. Suppose que l'énergie emmagasinée dans la bobine va charger le condensateur électrolytique formé à l'anode et que celui-ci se détruit par l'étincelle de rupture.

51. P. Bary. — *Comptes rendus*, t. CXXVIII, 10 avril 1899, p. 925.

Observe trois phases dans le fonctionnement des interrupteurs Wehnelt : électrolyse simple à bas voltage ; le phénomène de Wehnelt

pour les valeurs moyennes; enfin, le phénomène décrit par MM. Violle
et Chassagny, c'est-à-dire l'incandescence du fil de platine dans le
liquide. Donne un Tableau des limites des différentes phases obtenues
en faisant varier le voltage et la self-induction du circuit (voir *fig.* 47).

52. A. Le Roy. — *Comptes rendus*, t. CXXVIII, 10 avril
1899, p. 925.

La diminution et l'augmentation de pression font cesser le phénomène
de Wehnelt.

53. H. Armagnat. — *Éclairage électrique,* t. XIX, 15 avril
1899, p. 45.

Indiqué les formes du courant primaire d'une bobine avec l'interrupteur Wehnelt. Observations faites avec le rhéographe Abraham (voir
fig. 44).

54. Kallir et Eichberg. — *Zeitschrift für Electrotechnik,*
16 avril 1899.

Étudient la marche d'un interrupteur Wehnelt sur courant alternatif.
Avec grande résistance dans le circuit, il y a une seule décharge par
phase ; avec une résistance plus faible, le nombre des décharges augmente. Avec une résistance inductive, l'effet est plus intense dans une
phase que dans l'autre.

55. J. Carpentier. — *Comptes rendus*, t. CXXVIII, 17 avril
1899, p. 987.

Décrit un modèle d'interrupteur Wehnelt fonctionnant à bas voltage
et avec électrolyte chaud.

56. H. Armagnat. — *Comptes rendus*, t. CXXVIII,
17 avril 1899, p. 988.

Montre qu'il n'y a pas d'oscillations à la rupture du courant par un
interrupeur Wehnelt, tandis qu'au contraire les oscillations apparaissent
dès qu'on ajoute une capacité aux bornes.

Explique le phénomène uniquement par une action calorifique, l'électrolyse et la capacité de polarisation jouant un rôle insignifiant.

L'incandescence du gaz donne seule la couleur rosée observée à l'anode :
elle est provoquée par l'étincelle de rupture qui éclate dans la gaine de
vapeur, autour de l'anode, dès que $\frac{dI}{dt}$ est assez grand.

La force électromotrice induite dans le secondaire est proportionnelle au rapport des nombres de tours du secondaire et du primaire.

57. Walter. — *Wiedemann Annalen*, t. XLVI, 1899, p. 636.

Photographie l'étincelle sur une plaque sensible se déplaçant parallèlement à elle-même ; dans ces conditions chaque décharge est décomposée et l'on voit qu'elle correspond à 3 ou 4 étincelles du même sens. Avant la formation de l'étincelle complète, il se produit plusieurs essais qui se manifestent aux pôles et forment comme des aigrettes dont la longueur augmente jusqu'à l'étincelle proprement dite.

58. H.-Th. Simon. — *Wiedemann Annalen*, t. LXVIII, juin 1899, p. 273.

Divise la période de l'interrupteur Wehnelt en deux parties : la première T_1, pendant laquelle le courant passe ; la seconde T_2 est celle de l'interruption. Pour un interrupteur donné et une température du liquide invariable, cette seconde partie est une constante, $T_2 = C_2$. Suppose, d'autre part, qu'il faut une quantité de chaleur constante pour produire l'interruption

$$\int_0^{T_1} RI^2 dt = C_1,$$

et comme, si l'on admet que la résistance du circuit reste constante, on a

$$I = \frac{E}{R} \left(1 - e^{\frac{Rt}{L}} \right),$$

on peut écrire

$$T_1 = \frac{3}{2} \frac{L}{R} + \frac{C_1 R}{E_2},$$

la période totale est donc

$$T = \frac{3L}{2R} + C_2 + \frac{C_1 R}{E^2} \quad \text{ou} \quad A + \frac{B}{E^2}.$$

Les expériences de Simon vérifient cette formule.

59. H.-Th. Simon. — *Wiedemann Annalen*, t. LXVIII, 19 avril 1899, p. 860.

Brevet allemand relatif à l'interrupteur électrolytique symétrique à trou.

60. H. Abraham. — *Société française de Physique*, 5 mai 1899. Bulletin, p. 70.

Charge un condensateur à l'aide d'un transformateur à haut voltage et observe photographiquement la décharge de ce condensateur entre deux électrodes. La fréquence des étincelles augmente avec l'intensité du courant de charge ; dans chaque phase, les étincelles vont en se rapprochant, jusqu'au moment où la différence de potentiel est maximum; elles s'écartent ensuite.

61. Caldwell. — *The Electrical Review*. Londres, t. XLIV, 19 mai 1899, p. 837.

Décrit un interrupteur électrolytique à trou, semblable à celui de Simon.

62. Child. — *The Electrical Review*. Londres, t. XLIV, 26 mai 1899, p. 874.

Étudie l'interrupteur signalé par Caldwell et signale particulièrement l'ascension du liquide qui se produit dans le tube.

63. Ernst Ruhmer. — *Elektrotechnische Zeitschrift*, t. XX, 1899, p. 787.

Vérifie la formule donnée par Simon (n° 51) et trouve, à résistance et à voltage constants, la période égale à :

$$T = AL + B.$$

Pour $L =$	1	2	3	4	5 $\times 10^3$
la fréquence calculée est :	223	264	305	346	387
la fréquence observée est :	220	262	307	353	392

64. O.-M. Corbino. — *R. d. Lincei*, t. VIII, 17 décembre 1899, p. 352.

Fait des objections à la théorie thermique donnée par Simon pour les interrupteurs électrolytiques. Signale l'expérience suivante : une bobine sans fer étant intercalée dans le circuit d'un interrupteur, sans autre self-induction, le courant électrolyse simplement le liquide; le fait d'introduire un noyau de fer dans la bobine amène des interruptions périodiques plus ou moins espacées.

65. Wehnelt et Donath. — *Wiedemann Annalen*, t. LXIX, décembre 1899, p. 861.

Donnent différentes courbes du courant primaire dans les bobines, avec les interrupteurs Deprez et Wehnelt. Observations faites avec un tube cathodique Braun.

66. B. Walter. — *Fortschritte auf dem Gebiete der Röntgenstrahlen*, t. II, 1899.

Constate qu'il y a seulement de l'hydrogène à la cathode de l'interrupteur Wehnelt, et un mélange d'hydrogène et d'oxygène à l'anode; il suppose que l'explosion du mélange produit l'interruption du courant.

67. H. Armagnat. — *Éclairage électrique*, t. XXII, 27 janvier 1900, p. 121.

Théorie de l'étincelle de rupture: cette étincelle n'éclate pas au moment où se produit la rupture géométrique du circuit, mais plus tard. La conséquence est qu'il y a une capacité déterminée qui donne, dans chaque cas, le maximum de longueur d'étincelles, comme l'a constaté expérimentalement Mizuno. Courbes donnant la forme théorique du courant à la rupture.

68. E. Ruhmer. — *Elektrotechnische Zeitschrift*, t. XXI, 26 avril 1900, p. 321.

Observe les étincelles par la photographie et trouve des irrégularités très grandes avec le Wehnelt, moindres avec le Simon.

69. K.-R. Johnson. — *Drude Annalen*, t. II, mai 1900, p. 179.

Discute la théorie de Arons (n° 35) sur *la Résistance de l'étincelle de rupture*.

70. K.-R. Johnson. — *Philosophical Magazine*, t. 49, 1900, p. 216.

Vérifie expérimentalement la loi des longueurs d'étincelles et la trouve proportionnelle à $\dfrac{I_0}{\sqrt{C}}$.

71. Beattie. — *Philosophical Magazine*, t. 50, 1900, p. 139.

Vérifie les expériences de Rijke sur l'influence de la nature des pôles de l'interrupteur et sa relation avec la longueur de l'étincelle secondaire.

Il mesure d'abord la longueur des étincelles secondaires obtenues à la fermeture du circuit et il trouve, comme le veut la théorie, que cette longueur croît avec le voltage de la source de courant. Au contraire, à la rupture, la longueur d'étincelles décroît quand le voltage augmente, au moins avec des contacts en platine. Étudie la capacité optimum avec différents métaux à l'interrupteur. Cette capacité est la plus petite, et l'étincelle secondaire est la plus longue, lorsque les contacts sont en platine; le cuivre, le zinc et le charbon exigent des capacités plus grandes, qui croissent dans l'ordre indiqué. Donne des Tableaux et les courbes des résultats.

72. K.-R. Johnson. — *Drude Annalen,* t. III, 1900, p. 438 et 744; t. IV, 1901, p. 137.

Part des équations différentielles connues et arrive, par des simplifications non justifiées, à considérer la force électromotrice de self-induction comme proportionnelle à $\sqrt{1 - \dfrac{M^2}{L\,l}}$. Cette force électromotrice s'annule pour une bobine sans fuites magnétiques, où $M^2 = L\,l$?

73. B. Walter. — *Fortschritte auf dem Gebiete der Röntgenstrahlen,* t. IV, 25 janvier 1901, p. 1.

Montre l'intérêt qu'il y a, particulièrement avec l'interrupteur Wehnelt, à proportionner la self-induction du primaire à la force électromotrice de la source de courant, de façon que les forces électromotrices induites, à l'établissement et à la rupture, soient aussi différentes que possible. Conseille l'emploi de primaires à quatre fils pouvant être couplés de façons différentes.

74. Fr. Klingelfuss. — *Zeitschrift für Electrochemie,* t. VII, 23 mai 1901, p. 642. — *Verhandlungen der Naturforschenden Gesellschaft.* Bâle, t. XIII.

Détermine les potentiels explosifs nécessaires pour les longues étincelles en mesurant la tension primaire par la longueur d'étincelles entre les bornes de ce circuit et en multipliant par le rapport des nombres de tours. Cette méthode, qui serait exacte si les étincelles primaire et secondaire éclataient rigoureusement au même instant, le conduit à une conclusion singulière : il trouve que le potentiel explosif croît avec l'intensité du courant primaire, c'est-à-dire avec la grosseur de l'étincelle secondaire.

75. Hemsalech. — *Thèse de doctorat.* Paris, 25 juin 1901.

Le caractère d'une étincelle dépend de la résistance et de la self-induction du circuit de décharge. Les étincelles produites dans l'air, à la température ambiante, par la décharge d'une grande capacité, se présentent sous trois formes : 1° étincelles ordinaires; 2° étincelles intermittentes; 3° étincelles oscillantes.

Par l'observation photographique sur une plaque sensible animée d'un mouvement de translation supérieur à 100ᵐ par seconde, l'auteur constate que l'étincelle ordinaire se compose d'abord d'un trait lumineux rectiligne, qui est la première décharge, suivi de lignes courbes plus ou moins nombreuses qui correspondent à l'auréole qui entoure l'étincelle; ces lignes sont dues aux oscillations de la décharge. Le trait lumineux est produit par l'incandescence de l'air percé par la décharge. L'espace est ensuite rempli par les vapeurs métalliques dues aux particules arrachées aux électrodes, de sorte que le spectre des oscillations est uniquement celui des métaux.

Lorsqu'on augmente la résistance du circuit de décharge, le nombre des oscillations diminue peu à peu, la décharge finit par devenir apériodique. Si l'on augmente encore la résistance, la décharge se divise, les étincelles deviennent *intermittentes,* la quantité de vapeur métallique formée est plus petite, on ne retrouve plus le spectre des métaux qu'au voisinage des électrodes.

Si l'on remplace la résistance par une self-induction, variable mais sans fer, le trait lumineux s'affaiblit, l'auréole devient plus régulière, il y a prépondérance des vapeurs métalliques, on obtient l'étincelle *oscillante,* dans laquelle les oscillations sont plus lentes et plus nombreuses que dans l'étincelle ordinaire.

Avec une très forte self-induction, le trait lumineux disparaît, l'auréole reste seule; le spectre est entièrement celui du métal.

L'introduction du fer dans la bobine de self-induction ralentit les oscillations et diminue leur nombre, l'amortissement devient plus énergique. Les courants de Foucault, qui se développent dans le noyau de la bobine, ont une action analogue.

76. Mizuno. — *Drude Annalen,* t. IV, 1901, p. 801.

Calcule l'effet produit par une résistance sans self-induction, S, mise en dérivation sur un condensateur, lorsque celui-ci est chargé par le courant primaire d'une bobine d'induction.

Cette résistance produit une augmentation de la résistance apparente R' de la bobine et une diminution de la capacité apparente C' :

$$R' = R + \frac{L}{SC} \qquad \text{et} \qquad C' = C\,\frac{S}{R+S}.$$

La présence de la résistance S augmente l'amortissement des oscillations et, si S descend au-dessous d'une certaine limite, la décharge devient apériodique.

77. Mizuno. — *Philosophical Magazine,* 6ᵉ série, t. I, 1901, p. 246.

Étudie le rôle de la self-induction dans l'interrupteur Wehnelt et conclut que l'étincelle de rupture est nécessaire pour le fonctionnement, car elle détruit la couche de vapeur qui enveloppe l'anode.

78. M.-A. Codd. — *Electrical Review.* Londres, 15 novembre 1901, p. 789.

Met deux interrupteurs Wehnelt en série et constate une augmentation de la longueur d'étincelles et de la fréquence. Les interrupteurs mis en parallèle marchent en synchronisme.

79. Lord Rayleigh. — *Philosophical Magazine,* t. II, décembre 1901, p. 581.

Fait remarquer qu'une partie de l'énergie emmagasinée dans la bobine ne peut pas être utilisée quand il y a des fuites magnétiques.

Étudie le rôle du noyau de fer et montre que son action est complètement nulle si le circuit magnétique est entièrement fermé; le fer dépense par hystérésis l'énergie qu'il a emmagasinée. Dès que le circuit magnétique est ouvert, une partie de l'énergie du fer est rendue disponible.

Produit la rupture brusque d'un des fils du circuit primaire au moyen d'une balle de fusil; il obtient ainsi des étincelles meilleures qu'avec un interrupteur ordinaire et un condensateur.

80. J. Trowbridge. — *Philosophical Magazine,* t. III, avril 1902, p. 393.

Décrit un interrupteur électrolytique dans lequel le fil de platine formant anode est animé d'un mouvement rapide dans le sens de sa longueur, de sorte que la partie plongée dans l'électrolyte varie rapidement.

81. J.-E. Ives. — *Physical Review,* t. XIV, juin 1902, p. 280, t. XV, p. 7.

Étude expérimentale sur l'influence du noyau de fer et sur l'effet des capacités ajoutées au secondaire. Ces expériences, toutes faites avec un courant alternatif industriel, n'apportent rien de nouveau. Dans la seconde partie se trouve un essai de théorie de l'étincelle de rupture. L'auteur admet que celle-ci ne peut se produire si l'accroissement du potentiel explosif, en fonction du temps, est plus rapide que celui de la force électromotrice de self-induction. Cette théorie conduirait à admettre que l'étincelle de rupture doit absorber toute l'énergie et que l'on ne doit plus rien trouver au secondaire. Les expériences de l'auteur détruisent d'ailleurs sa théorie.

82. H. Armagnat. — *Éclairage électrique,* t. XXXIII, 15 novembre 1902, p. 217.

Discute les Mémoires de : Lord Rayleigh, Ives, Walter, Klingelfuss, etc. Explique par le sectionnement la divergence des nombres trouvés par Walter et Oberbeck pour la capacité propre du secondaire ; montre qu'il peut exister des différences de phase entre les courants des sections, ce qui tend à diminuer la longueur d'étincelles. Étend la théorie de Lord Rayleigh au cas des bobines à circuit magnétique presque fermé et montre qu'un entrefer de l'ordre du vingtième de la longueur totale du circuit magnétique ramène à peu près aux conditions du noyau droit.

83. J.-E. Ives. — *Physical Review,* t. XVII, septembre 1903, p. 175.

Constate que la capacité optimum est différente pour une bobine avec interrupteur à mercure, selon la polarité relative du mercure et de la tige.

84. H. Armagnat. — *Éclairage électrique,* t. XXXVII, 14 novembre 1903, p. 241.

Analyse de nombreuses courbes de courant relevées à l'oscillographe Blondel; montre que ces courbes vérifient la théorie de l'étincelle de rupture. Les conclusions de cette étude sont :

L'amortissement de la première oscillation est dû aux étincelles, aussi bien primaires que secondaires.

L'hystérésis paraît jouer un rôle important dans l'amortissement des oscillations suivantes.

Les oscillations ne sont pas simples, au moins pas toujours; elles sont la résultante de plusieurs oscillations de période et d'amortissement différents.

Le courant secondaire ralentit la désaimantation et peut troubler le fonctionnement des interrupteurs.

Les forces électromotrices d'induction développées dans les deux circuits sont, toutes choses égales d'ailleurs, fonction des résistances opposées aux étincelles et non pas seulement fonction de l'intensité maximum du courant primaire.

85. X... — *Notice sur la vie et les travaux de Ruhmkorff,* 1903, publiée à l'occasion du centenaire de sa naissance par la Société des Électriciens du Hanovre.

86. C. Baur. — *Elektrotechnische Zeitschrift,* t. XXV, janvier 1904, p. 77.

Pour les valeurs moyennes, la loi du potentiel V, en fonction de l'épaisseur d du diélectrique à traverser, peut être représentée par la formule

$$V = cd^{\frac{2}{3}},$$

c étant une constante.

87. J. de Kowalsky. — *Comptes rendus,* t. CXXXVIII, 22 février 1904, p. 487.

A mesuré les distances explosives, dans l'air, entre un disque de 158^{mm} de diamètre et une sphère de 20^{mm}, les deux en laiton (voir *fig.* 49). La source de courant était un condensateur chargé par des dynamos à courant continu. Les résultats suivants ont été obtenus :

5 000 volts,	distance : 0,118 centimètres	
30 000 »	» 1,4	»
45 000 »	» 3,75	»
60 000 »	» 6,9	»
65 000 »	» 8,2	»

88. Ernst Ruhmer. — *Konstruktion, Bau und Betrieb von Funkeninduktoren.*

Description de la plupart des appareils allemands; renseignements sur leur emploi; application à la radiographie. 338 figures. *Hachmeister* et *Thal,* éditeurs, Leipzig, 1904.

89. Gagnière. — *Archives d'Électricité médicale,* 10 avril 1904, p. 243.

Les bulles gazeuses dégagées par l'électrolyse des liquides, dans l'interrupteur Wehnelt, produisent une augmentation de résistance et il y a une certaine surface, autour de la pointe de platine, où la densité de courant est maximum; c'est sur cette surface que se produisent l'échauffement et la vaporisation du liquide, et, par suite, la rupture du circuit. La surface en question peut n'être pas en contact avec le platine. L'auteur admet que le phénomène lumineux de la gaine se produit entre deux couches de liquide et que l'anode ne s'échauffe pas, ce qui permet de comprendre la rapidité avec laquelle le contact se rétablit. L'observation des bulles gazeuses montre que celles-ci se dégagent d'une façon régulière, plus généralement suivant un plan perpendiculaire à la tige de platine et en son milieu.

90. Broca et Turchini. — *Bulletin de la Société internationale des Électriciens*, avril 1904, p. 235.

Étudient la forme du courant à l'établissement et à la rupture, au moyen d'un ondographe Hospitalier.

91. K.-R. Johnson. — *Comptes rendus*, t. CXXXIX, 5 septembre 1904, p. 477.

Construit un interrupteur, genre Simon, à l'aide d'un entonnoir en verre dont le tube a un diamètre de 7^{mm} et une longueur de 10^{mm}. Ce tube est mastiqué sur un cylindre de 75^{mm} de diamètre et le tout est immergé dans un récipient plus grand, rempli d'alun et d'acide sulfurique. Une électrode en aluminium est plongée dans chaque vase. Quand l'appareil est relié à un circuit à 110 volts, on voit une bulle de vapeur se former dans le tube, le courant est interrompu; ensuite la bulle s'échappe dans le cylindre intérieur où elle est condensée et le courant se rétablit. Cet interrupteur fonctionne très lentement et indépendamment des constantes du circuit.

FIN.

TABLE DES MATIÈRES.

CHAPITRE I.

Introduction.

CHAPITRE IV.

Théorie. Interrupteurs électrolytiques.

CHAPITRE V.

Courant secondaire.

CHAPITRE VI.

Puissance et rendement des bobines.

CHAPITRE VII.

Construction des bobines.

CHAPITRE VIII.

Interrupteurs.

CHAPITRE IX.

Dispositifs spéciaux.

CHAPITRE X.

Applications des bobines.

CHAPITRE XI.

Bibliographie.

FIN DE LA TABLE DES MATIÈRES.

35688 — PARIS, IMPRIMERIE GAUTHIER-VILLARS,
55, Quai des Grands-Augustin.